U0187630

宠物猫是如何成为人类家庭成员的

陈亚亚 著

 上海社会科学院出版社
SHANGHAI ACADEMY OF SOCIAL SCIENCES PRESS

目录

第一章　从"狸奴"到"猫奴"

第二章　中外动物权益保护的进展

附　录　猫咪主人访谈录

第一章　从"狸奴"到"猫奴"

　　猫的历史悠久，有人考证在四五千年前就已存在。据说国内文献最早关于猫的记载是西周时期《诗经》中的《大雅·韩奕》，这首诗讲述周宣王时韩侯入朝受封、迎亲和归国后的活动，有一段对韩地的描述中提到了猫："有熊有罴，有猫有虎。"这里把猫跟野兽相提并论，大概说的是未驯化的野猫。家猫的出现一般被认为是在农业发展后，因为猫能灭鼠，人类有时会送给它们一些食物，于是猫就逐渐跟人亲近起来，由此产生了最早的半驯化猫群体。

　　显然，猫之所以得到老百姓的喜爱，跟它们在食物链上的位置有关。《礼记》中曾这样说："古之君子，使之必报之。迎猫，为其食田鼠也。迎虎，为其食田豕也。迎而祭之也。"就是说，地里的庄稼被田鼠偷吃，于是农民请来了猫。因捕杀田鼠的功绩，猫一度被人类供奉起来，跟百兽之王的老虎一起享受祭祀，可见其地位之高。"猫"字右边是"苗"字，即来自于此，表明它们是护苗的功臣。大致从先秦时代开始，人们就将猫列入了祭祀的农神之一。八蜡是中国古代社会祭祀中与农业有关的八位神祇，分别为先啬、司啬、农、邮表畷、猫虎、坊、水庸、昆虫，猫和虎并列为其中之一。以前农民靠天吃饭，对于自然灾害束手无策，久而久之，"八蜡"也就成为万民崇拜的农神。[1] 而祭祀农神的活动被称为"腊祭"[2]，这个习俗如今还有一定的保留，被认为是腊八节的起源之一。

农业发展后，家里储粮增多，招来了老鼠，于是人们又把猫请进家里（也有一种说法是猫为了生存，选择自我驯化，或许这可以称为双向奔赴）。就这样，猫一步步走进人类的家庭。猫的功劳不止于保护粮食，它们还保护其他生产。例如，老鼠对蚕桑的生产有害，它不仅吃蚕、咬蚕种纸，还会咬蚕茧。江南地区是蚕桑丝织技艺的发祥地之一，清明时节盛行"蚕猫"辟鼠的习俗，这一习俗据说起源于南宋，明清时期蔚然成风。[3] 海派文化以江南文化为根底，上海文化中也有蚕桑文化的影子，王琛发表在网上的《六个"贝多芬"同台亮相，AI 教你"七步成诗" | 带你逛逛长三角文博会》中提到，2020 年开发的"小校场年画"系列中的"五谷丰登"料理盘在当年上海市消费者权益保护委员会主办的"2020 上海特色伴手礼"评测中，荣登金榜榜首，该作品的图样就是江南各地盛行张贴的蚕猫图，以祈蚕业兴旺、五谷丰登。

由于最早记载家猫的文献出现在西汉，有人猜测家猫是舶来

---

① 司若兰：《妖怪学视野下的猫妖形象——以〈猫苑〉〈猫乘〉为主》，《中国文化论衡》2018 年第 1 期。
② 王宏凯：《蚕猫的故事》，《文史天地》2021 年第 6 期。
③ 伍晴晴：《江南蚕乡"蚕猫"文化的内涵与价值初探》，《古今农业》2022 年第 1 期。

品，通过与外国的贸易（丝绸之路）进入中国。还有一种说法则是唐僧取经时带回来的，如张宗子在《夜航船》中曾这样写："猫，出西方天竺国，唐三藏携归护经，以防鼠啮，始遗种于中国。"这个故事许多人并不相信，认为只是戏谈，不过该文提到猫的另一大功绩，即保护书籍，免于被老鼠啃咬、损坏，却是公认的事实。猫的这一技能，对它来说是一次难得的机遇。由于猫能护书，这就使得一部分猫脱离了农户的家庭，开始进入读书人的内宅，而它们的音容举止、轶事绯闻也因此被文人以各种方式记录、保存下来，流传后世。

第一节　狸奴：工具猫与伴侣猫

不管最开始基于何种目的养猫，主人①后来大多逐渐发现，猫不仅仅是家畜、工具猫（用于捕鼠），还有陪伴抚慰的功能，因此它逐渐从低人一等的小奴仆，开始往宠物猫（伴侣猫）的方向转变。一般认为，到了唐宋时期，人们已逐渐淡化了猫的捕鼠职能，或者说那个时期它就开始身兼两职，一个职务仍然是抓老鼠，另一个职务则是做宠物，后者在一定程度上可以说是一种情感劳动。

---

① 本书中宠物主人、家长基本是混用状态，根据语境进行选择。有人不喜欢"主人"这个词，但人类是主人，宠物不一定就是奴仆，主人可以是在家里起主导作用的人。与此类似，家长也是在家中起主导作用的人，但不意味着他可以决定家中的一切，家庭事务仍然需要所有家庭成员的协商和同意。

宋代诗人陆游是众所周知的爱猫人，他曾写下许多关于猫的诗。其中一首是这样的："裹盐迎得小狸奴，尽护山房万卷书。"看来陆游一开始养猫也不是要当宠物，他郑重其事地去聘请小猫，是想让它担负起图书保护员之责，因为书对读书人而言实在太重要了。这动机虽然有点功利，但猫既然是被请来家帮忙的技术工匠（俗称的师傅），与买来的仆人不同，相比于其他的工具类动物，地位自然要高一些。

猫在家的时间一长，主人越来越喜欢，常常给好吃的，有些猫咪就开始变懒，不想工作，直接躺平了。有陆游的诗为证："狸奴睡被中，鼠横若不闻。残我架上书，祸乃及斯文。"然而，尽管如此不尽职，陆游家的猫却始终没有下岗。因为相处的这段时间，主人发现猫另有一大功能，即陪伴。陆游有句写猫的诗很出名："溪柴火软蛮毡暖，我与狸奴不出门。"冬天在家里烤着火，裹着毛毯，跟小猫挤在一起，自然就不想出门了，又说"夜长暖足有狸奴"，这里的狸奴俨然已是伴侣动物的形象，不再是打工猫了。

当然，诗人这里说的"狸奴"，跟当下很多人说的"猫奴"，并不是一回事。狸奴说的是猫，把猫当成主人喜爱的奴婢。例如陆游眼中的爱猫就类似书童的角色："前生旧童子，伴我老山村。"这个时期的猫，比起早年因抓田鼠而享受祭祀的祖先猫来说，地位有所下降，但跟人类的关系更紧密。现在它们即使不抓老鼠，主人也会一如既往地爱护它们，不但每天好吃好喝地招待，且对猫上灶、上床等各种行为都不以为怪，尤其女主人对它们更是宽容。正如张正宣《猫赋》中所言："猫之为兽，有独异焉。食必鲜鱼，卧必暖毡；上灶突兮不之怪，登床席兮无或嫌；恒主人之是恋，更女子之见怜。"[1]

从一些文人的描述来看，猫、狗在古代都是家里常见的动物，但待遇有所不同，似乎猫更多得到主人的怜爱。艾性夫的《猫犬叹》曾这样比较其中差异："饭猫奉鱼肉，怜惜同寝处。饲犬杂糠籺，呵斥出庭户。犬行常低循，猫坐辄箕踞。爱憎了不同，拘肆固其所。"这种区别待遇看起来是全方位的，起居住行都不同，猫咪得到很多优待，吃饭有鱼有肉，可以跟主人一起睡觉，狗则吃糠咽菜，还经常被呵斥。这首诗是讽喻性的，但恐怕多半也源于真实的生活。

作为家中得宠的奴婢，猫往往得到主人的精心照料。例如，古代的主人就已经在给猫咪买玩具了，《江南野史》载：曹翰使江南，韩熙载使官妓徐翠筠为民间妆饰，红丝标杖，引弄花猫以诱之[2]，这里的"红丝标杖"应该就是古代的逗猫棒。笔者本以为薄荷是当代产物，但看文献发现早已有之，在《本草纲目》中有注明"薄荷，猫之酒也"的条目。中国人很多爱饮酒，猫咪也有自己的酒，就是薄荷。起居上，许多人为让猫进出方便，在大门附近专设猫洞，称为小宅门。在家里，猫咪的胆子也是越来越大，会跟主人抢了床铺盘踞于上。如许棐的诗中所写"蒲座夜闲猫占

① 〔清〕黄汉辑：《猫苑》，浙江文艺出版社 2021 年版，第 198 页。
② 〔清〕王初桐辑：《猫乘》，浙江文艺出版社 2021 年版，第 130 页。

卧"，杨维桢的诗中所述"却嗔昨夜狸奴恶，抓乱金床五色绒"①。虽是抱怨之词，主人似乎乐在其中，也可视为猫咪在家中受到特别优待的论据。

从趋势来看，随着时间推移，猫咪作为工具猫的属性逐渐减弱，作为伴侣猫的属性进一步增强，不过这种趋势也可能因为特殊事件而有过中断。例如在19世纪到20世纪初，鼠疫在国内大暴发，各个省份都有波及，流行范围广，持续时间长，严重破坏社会经济生活。各级政府高度重视鼠疫的预防，为此采取的措施之一就是鼓励民众养猫。如广东、福建、四川、云南和陕西等省政府都曾鼓励民众养猫，有的甚至要求一户必须养一只猫，其中广东省政府还发布了禁止食猫的通令。这些政令导致猫一时稀缺，各地猫价飞涨，偷盗猫的现象频发。② 这一时期，猫虽然受到极大重视，但其地位不免又降低为工具猫了。

整体上而言，随着时代的改变，家猫的地位是有所提升的。如今的猫主人多自嘲为猫奴，说的不再是猫，而是自己。即不但把猫当成家中的重要成员，还故意将自己放到一个较低的位置上，将日常照顾猫的行为比喻为侍奉主子。从狸奴到猫奴，猫在家庭的地位已经有了很大变化，甚至可以说是从量变到质变。虽然目前猫奴还只是一种戏称、调侃，但至少表明有相当一部分主人已能平等地对待家里的宠物猫。

① 〔清〕王初桐辑：《猫乘》，浙江文艺出版社2021年版，第242页。
② 王宏凯：《民国养猫二三事》，《文史天地》2020年第8期。

第二节　人对猫的情感投射

在养猫者的心目中，猫是最可爱的小动物。抱着这种期待，当《妖猫传》上映时，笔者第一时间去影院观看，结果看到一个妖怪猫。后来了解了下，猫妖形象最早出现在隋朝，据说是隋文帝在位时，皇后曾被人以猫鬼（即用秘法驱役猫的亡灵）之术毒害，调查后认为是皇后的弟弟所为，于是明令禁止宫廷和民间畜养猫鬼、蛊毒和野道。唐朝也有不少与猫有关的鬼故事，如传说武则天虐杀萧淑妃，萧临死前下了诅咒，让武则天转生为鼠，她则转生为猫来复仇，所以武则天怕猫。《唐律疏议》对猫鬼有严厉的处罚："蓄造猫鬼及教导猫鬼之法者，皆绞；家人或知而不报者，皆流三千里。"而日本使臣将这些故事带回去，逐渐演变成日本的妖猫文化，后世小说家据此创作了一部《沙门空海之大唐鬼宴》，讲述一只口吐人语的妖猫搅动长安的故事，再后来就被陈凯歌改编拍摄成了《妖猫传》。

可见在隋唐时期，很多人心目中的猫是一种神秘力量的象征，这可能是基于早期百姓对猫虎的崇拜心理，代表人对未知力量的恐惧。这种对猫的恐惧，在西方也普遍存在过。例如自中世纪到现代早期，猫看似拥有的超能力，加上猫对人类需求的淡漠，让人们对猫的疑心很大，这为某些杀猫的仪式提供了合理性。如在每年 6 月 23 日圣约翰节前夜将猫慢慢烧死，以驱逐恶魔。① 不过，猫在神鬼故事中并不都是害人的妖怪，也有正面的角色。王初桐在《猫乘》中将妖怪化的猫分为义、报、言、化、鬼、魁、精、怪、仙九种，其中"义"描述猫忠于主人，不顾生命救助主人的故事。《子不语》中也有故事说主人爱惜家猫，家猫以义报之，人若伤害猫，会得到报应，猫在这些故事中充当了教化的媒介。② 这种因果报应的故事是利用人的恐惧心理进行道德说教，猫在其中是道具之一。

从古代的猫鬼故事、《妖猫传》等来看，更多涉及贵族、文人家中的猫。李星星的论文认为，唐代之前，宠物主要是社会上层贵族们的玩物。在唐代，宠物饲养的风气从王公贵族阶层扩展到文人士大夫之流，甚至庶民之家。宠物在唐人的世俗生活中具有重要价值，具体而言，宠物具有陪伴消遣、观赏娱乐、情感慰藉和人生价值寄托等多方面价值。中唐以后，国势衰落，文士多有怀才不遇者，往往以宠物自况，表明情志。因此，饲养宠物的目的逐渐由功能层面的娱乐消遣，上升为心理层面的精神抚慰。③

相对于大唐盛世，宋代文人更易生出今昔之感，与宠物为伴也给他们带来慰藉和人生感悟。王萧依认为，宋代宠物文学通常被视为保存社会生活细节的重要史料，这类作品在日常休闲活动的视角下彰显独特的士人精神，集中反映他们对待文人雅玩的审

---

① ［英］凯瑟琳·M.罗杰斯：《猫咪简史》，韩阳译，浙江人民出版社2020年版，第61页。
② 司若兰：《妖怪学视野下的猫妖形象——以〈猫苑〉〈猫乘〉为主》，《中国文化论衡》2018年第1期。
③ 李星星：《宠物与唐代社会生活》，安徽大学硕士学位论文，2017年。

美趣味与面对自然生命时的特殊观物体验。宠物的自然天性同主人的好尚与私欲之间存在难以避免的矛盾，宋人将这种现实与道德的双重困境称为"物惑"，在内心的情理纠葛中反思物我生命关系，传达出体贴物性的自然观，并努力化解"物惑"困境下的精神负担与玩物丧志的道德风险。[①] 从这些叙述来看，那时的士人养宠更注重观赏性，养猫往往跟养鱼、养鸟相提并论。

有些文献显示，宋人养猫比较注重外观，如吴自牧的《梦粱录》中记载："猫，都人畜之捕鼠。有长毛，白黄色者称曰'狮猫'，不能捕鼠，以为美观，多府第贵官诸司人畜之，特见贵爱。"《夷坚志》也曾记载一个故事，孙三夫妇将一只深红色的猫高价卖给一个太监，后来这只猫"色泽渐淡，才及半月，全成白猫"，太监才知道自己受骗上当。不过在真正爱猫人的眼中，猫的外形并不那么重要，如诗人陆游的笔下，就很少描述自家猫的外形，而更关心其生活起居。由于家贫，猫的生活也很俭朴，陆游对此感到愧疚："惭愧家贫策勋薄，寒无毡坐食无鱼。"这里诗人对于猫的态度，就不是赏玩、娱乐、消遣，更像是对朋友、亲人的怜惜之感。陆游还有诗云："勿生孤寂念，道伴大狸奴"，这里又把猫咪当成了精神上的同道。

然而，陆游这样的正人君子总是少数。正如对猫鬼、猫妖的恐惧可被用来宣教，对猫的情感依赖也容易被人利用。明朝嘉靖

---

① 王萧依：《宋代宠物文学与士人精神》，《甘肃社会科学》2020 年第 6 期。

皇帝爱猫，专门设立了一个养猫机构，即猫儿房，有专门的太监伺候，还给猫封赠官衔。据《酌中志·内府衙门职掌》记载："猫儿房，近侍三四人，专饲御前有名分之猫，凡圣心所钟爱者，亦加升管事职衔。牡者曰某小厮，骟者曰某老爹，牝者曰某丫头。候有名封，则曰某管事，或直曰猫管事，亦随中官数内关赏。"嘉靖帝最喜欢的一只狮子猫名为"霜眉"，死后不但用金棺下葬，还下旨令官员写祭文。其中礼部侍郎袁炜以"化狮（猫）为龙"一句，得到了嘉靖帝的青睐和重赏，从此官运亨通。这里帝王对猫的情感，就成为无节操文人攀缘的工具。

对于普通人来说，猫是生活中的情感慰藉，是一种更简单纯粹的关系。如果与其他生活层面发生冲突，我们也总能找到办法解决。例如猫喜欢扑杀小动物，这与佛教宗旨不合，因此有僧不蓄猫的说法，《沙弥戒律》里面也说"不蓄猫狸等，皆慈悲之道也"①。然而，不少寺庙都有猫，僧人中也有不少爱猫的，在信仰佛教的普通人中，喜欢猫的就更多了。怎么办？解决起来不难。有人把猫发出的呼噜声解读为念经，这样一来，养猫就与信佛不矛盾了。《猫苑》中就有这样一个故事："刘月农曰：'前朝太后之猫，能解念经，因得佛奴之号。余谓猫睡声喃喃似念经，非真解经也。'"②看来，爱猫者相信猫是诵念佛号，但旁人未必对此信服。

人们恐惧猫、喜欢猫各有原因，可说是人类情感的一种投射。

---

① 〔清〕孙荪意辑：《衔蝉小录：清代少女撸猫手记》，中信出版集团2019年版，第94页。
② 〔清〕黄汉辑：《猫苑》，浙江文艺出版社2021年版，第88页。

随着时代变迁，猫与人的关系日渐紧密，世人惧猫之心日减，而爱猫之心日增。撰写《猫苑》一书的黄汉在"自序"中曾这样写道："人莫不有好，我独爱吾猫。盖爱其有神之灵也，有仙之清修也，有佛之觉慧也；盖爱其有将之猛也，有官之德也，有王之威制也……且爱其有姑，有兄，有奴，有妲己之可怜、可喜、可媚之名，而无为姑、为兄、为奴、为妲己之实相也，抑又爱其能为公、为婆、为儿之名实相副也。"[①]爱猫者或可通过检视自己养猫中的情感实践，增进对自己、自身与动物的关联性的理解。

第三节　养猫中的性别议题

养猫中有许多性别议题，但常被人忽略。很多人觉得养猫跟性别没有关系，因为男人也有不少在养猫。那我们就来看一看，猫和性别之间到底有什么关联。

一、猫咪有"性别"吗？

猫是哺乳类动物，自然是有性别的，但这里说的"性别"，并不是猫本身的雌雄之别，而是在人们眼中，猫更像是哪一种性别。毋庸置疑，猫通常被当成女性来看待。《衔蝉小录：清代少女撸猫手记》中的一个条目是这样写的："《妆楼记》：猫，一名女奴"[②]，

---

① 〔清〕黄汉辑：《猫苑》，浙江文艺出版社2021年版，第2页。
② 〔清〕孙荪意辑：《衔蝉小录：清代少女撸猫手记》，中信出版集团2019年版，第27页。

这里猫的性别就设置为女。书中还提到，有人把猫咪称为"妲己"，这也是女性的名字。这种设置跟猫本身的性别无关，而主要依据人对猫的观感。

猫为什么是女性？从各种表述来看，是因为很多人认为猫很媚，"越俗谓猫为妓女所变，故善媚"①，端木鹤田有诗云：玉面猫儿妖似姝②。还有人把猫与狐相提并论，如《燃青阁小简》云："猫解媚人，故好之者多，猫故狐类也。"③显然，是猫咪的妖媚使它看起来更具女性气质。这是基于传统性别规范的说法，尽管男人中妖媚的也不少，但这些人通常不被看见。有人因猫捕鼠称其为威风凛凛的大将军，但这种论述并不占据主流，尤其当猫成为伴侣动物且不再以捕鼠为业时。

将猫比作女性的说法在西方也常见，且往往含有贬义，与中文语境大同小异。从语词中可见一斑，"cat"可用来指代恶毒的老妇人，"puss"或"kitten"可用来指代迷人的年轻女性。④从1400年起，烟花女子就开始被称为 cat⑤，cathouse 则用来称烟花场所，catlike women 通常指妖娆性感的女性。⑥法语中也有类似的说法，如 Le chat, la chatte, le minet（公猫、母猫、小猫）在法国俚语中

---

① 〔清〕黄汉辑：《猫苑》，浙江文艺出版社 2021 年版，第 64 页。
② 同上书，第 181 页。
③ 司若兰：《妖怪学视野下的猫妖形象——以〈猫苑〉〈猫乘〉为主》，《中国文化论衡》2018 年第 1 期。
④ ［英］凯瑟琳·M.罗杰斯：《猫咪简史》，韩阳译，浙江人民出版社 2020 年版，第 151 页。
⑤ 同上书，第 156 页。
⑥ 同上书，第 165 页。

的意义就相当于英语的"pussy"。民间还有这样的谚语:"他爱他的老婆,就像他爱他的猫。"① 此外,人们还认为猫与魔鬼撒旦在人间的代理人是同盟,因此,它要么是女巫的化身,要么是女巫的密友,暗中提供帮助。②

猫咪被认为是女性,还有一个佐证是民间习俗。古代的人家要养猫,要带礼物去原主人那里下聘,有的还要聘书。不同地方的聘礼不同,大多是吃的,有鱼,也有油盐酱醋,还有芝麻大枣豆芽等。③ 如果是野猫,没有原主人,那就给猫妈妈送点鱼。为什么用盐作聘礼,因为在某些地方方言中,盐与"缘"同音,于是婚嫁时,常以盐为聘礼,纳猫也是如此,"聘猫用盐,盖取其有缘之意"。接猫来家的时候,要选取吉日。如《延休堂漫录》中提到的:"纳猫吉日:甲子、乙丑、丙午、丙辰、壬午、庚午、庚子、壬子,宣天德、月德、生气日,忌飞廉日。"④ 据说,杭州现在还有这种习俗,笔者在网上曾看到有人讲,自家的小猫曾换来十袋盐的聘礼,吃了两年多还没吃完。

烦琐的聘猫仪式,跟民间的嫁娶可一一对应。这也说明在情感上,不少人已把猫视为家人,准确来说是家中的女儿,所以对送猫出门特别重视。有人曾为此写诗,将送猫出门比喻为一个

① 〔美〕罗伯特·达恩顿:《屠猫狂欢——法国文化史钩沉》,吕健忠译,商务印书馆 2018 年版,第 114 页。
② 〔英〕凯瑟琳·M. 罗杰斯:《猫咪简史》,韩阳译,浙江人民出版社 2020 年版,第 62 页。
③ 〔清〕黄汉辑:《猫苑》,浙江文艺出版社 2021 年版,第 117 页。
④ 〔清〕王初桐辑:《猫乘》,浙江文艺出版社 2021 年版,第 62 页。

老母亲依依不舍地嫁出女儿："天生物类知几许，人家养猫如养女……一旦裹盐聘娶逼，阿媪欲辞苦未得。抱持不舍割爱难，痛惜只争泪沾臆……相送出门再三嘱，善为喂养毋多尤……"①

二、男女养猫大不同

猫成为家中宠奴后，照护者多为女性。因为女性多居于内室，承担家中内务，猫咪的饮食起居也在其中。管理日常生活的女主人往往对猫更包容，胡仲弓在《睡猫》中这样写道："瓶吕斗粟鼠窃尽，床上狸奴睡不知。无奈家人犹爱护，买鱼和饭养如儿。"这里把猫咪当成小孩子来爱护的，很可能是女性，而对此感到不满、指责猫咪不抓老鼠的诗人，正是男性。《衔蝉小录：清代少女撸猫手记》的作者是女性，其"自序"中说"何妨与鼠同眠，窃恐化龙而去"②，也可算是一例，女主人不在乎家中恶鼠的存在（这充分说明了猫的失职），只要猫不跑丢就万幸了。

在很多文人的笔下，都描写了女性如何爱猫的故事。如袁子才《谢尹望山相国赠白猫诗》中有云："狸奴真个赐贫官，惹得群姬置膝看。"③猫到了家里，往往是女性围着观看，她们对猫的喜爱，跟自身处境密切相关。例如这位身为宠妾的顾夫人，"合肥宗伯所宠顾夫人，名媚，性爱狸奴。有字乌员，日于花栏秀榻，徘

① 〔清〕黄汉辑：《猫苑》，浙江文艺出版社 2021 年版，第 118 页。
② 〔清〕孙荪意辑：《衔蝉小录：清代少女撸猫手记》，中信出版集团 2019 年版，第 9 页。
③ 〔清〕黄汉辑：《猫苑》，浙江文艺出版社 2021 年版，第 180 页。

徊抚玩，珍重之意，逾于掌珠"①；又如《子不语》中记载的故事，"江宁王御史父某，有老妾，年七十余，畜十三猫，爱如儿子，各有乳名，呼之即至"。②贵人之妾，伺候的主人往往年龄较大，如果自己又没有生育，生活难免孤寂，大多把猫当成了自己的孩子。

现在也有类似的情况，一些阿姨在退休后开始养猫、救助流浪猫，导致家里猫越来越多，有些还给家人或邻居造成困扰。从文献来看，这并不是当代才有的现象，古代早已有之。"俞青士之母好猫，常畜百余只，雇一老妪，专事喂养。闺房之内，枕边几上，镜台衣桁之间，无处非猫也。"③当然，这位老妇人家境富有，能够专门请人照顾猫，因而她的行为可被视为一种雅好，而不至于被人指为心理疾病。而为什么有老年女性热衷于养猫，这是一个值得深思的问题。

贵族小姐的爱猫，有些是为了彰显自身的尊贵地位，类似于收藏名贵珠宝。如《猫苑》中有记载："昔李松云中丞之女公子爱猫，中丞守成都时，简州尝选佳猫数十头，并制小床榻，及绣锦帷帐以献。孙平叔制军有女孙亦爱猫，督闽浙时，台湾守令所献，亦多美猫。"④至于她们跟猫的情感如何，出嫁是否会将猫带走，就不得而知了。在某种程度上，贵族小姐将要进入的那些家庭（夫家），可能也是把她们视为某种尊贵地位的象征吧。

---

① 〔清〕孙荪意辑：《衔蝉小录：清代少女撸猫手记》，中信出版集团2019年版，第90页。
② 〔清〕黄汉辑：《猫苑》，浙江文艺出版社2021年版，第164页。
③ 同上书，第167页。
④ 同上书，第22页。

古代男性爱猫的人不少，但照顾猫日常起居的可能不多。《随园诗话》里曾记载一位爱猫的男性高级知识分子："邹太和学士……有爱猫之癖，每宴客，召猫与儿孙侧坐。赐孙肉一片，必赐猫一片。曰：'必均，毋相夺也。'"[①]这位学士把猫咪看成跟儿孙一样，且对宾客毫不避讳，可谓爱猫之深，但这种在宴席上仪式化的食物分配行为，更多彰显了其作为家长的权力，而不是在履行日常照护之职。可见同是爱猫，男女的表现方式是有差异的。

与此类似地，男性爱猫人对女性爱猫人的评论，往往也局限于其性别视野。例如，虽然了解许多爱猫女性的故事，但撰写《猫苑》一书的黄汉认为，这些人都不如孙荪意："然终不如高太夫人之好，且为著书以传，斯真清雅。"[②]究其原因，大概是因为后者跟自己一样，为猫著书立传了。这有点"万般皆下品，唯有著书高"的意思，但认真讲起来，这几本书如《猫苑》《猫乘》《衔蝉小录：清代少女撸猫手记》等，都只是摘录有关猫的故事、传说，且互有重叠，原创内容不多，很难说是上佳之作。

从性别角度来审视宠物猫的议题，是本书特色之一。生态女性主义关注女性与环境的关系，认为女性与环境有更多关联，这环境中也包括动物。后人文主义女性主义理论揭示了对女性和动物的压迫之间的联系，它采用一种复杂的方法，分析性别化和性

---

① 〔清〕孙荪意辑：《衔蝉小录：清代少女撸猫手记》，中信出版集团 2019 年版，第 104 页。
② 〔清〕黄汉辑：《猫苑》，浙江文艺出版社 2021 年版，第 167 页。

别歧视的话语和实践如何使妇女和动物处于从属地位。[①] 因此，女性更喜欢猫、更多与家庭的宠物猫产生情感关联，就不奇怪了。至于猫在进入人类家庭的过程中，在多大程度上会对传统性别、家庭结构造成影响，是何种影响，更是一个值得关注和探讨的议题。

[①] Maneesha Deckha, " Toward a Postcolonial, Posthumanist Feminist Theory: Centralizing Race and Culture in Feminist Work on Nonhuman Animals", *Hypatia*, Vol. 27, No.3, 2012.

第二章　中外动物权益保护的进展

国外对中国有一个常见的误解，即认为中国人爱吃猫狗肉。实际上国内吃猫肉的人很少，吃狗肉的也不多。中国确实有较长的吃狗肉历史，但反对吃狗肉的事件也时有发生，原因各有不同。例如宋徽宗曾下诏全国禁食狗肉，如有人举报杀狗，还能得到赏钱二万。然而此举并非因为皇帝爱狗，而是他自己属狗的缘故。官员中也有反对吃狗肉的，苏轼曾写过《记徐州杀狗》："今日厢界有杀狗公事。司法言，近敕书不禁杀狗。问其说，云：《礼·乡饮酒》：'烹狗于东方，乃不禁。'然则《礼》云：'宾客之牛角尺。'亦不当禁杀牛乎？孔子曰：'敝帷不弃，为埋马也。敝盖不弃，为埋狗也。'死犹当埋，不忍食其肉，况可得而杀乎？"这里就是以孔子不吃狗肉为由，论证杀狗是不当之举。

苏轼比较关注动物权益，他还写过一篇纪念母亲的文章，即《记先夫人不残鸟雀》，讲母亲因厌恶杀生，不许捕取鸟雀，短短几年，树上就有数不清的鸟巢，桐花凤也来了。他因此发出感慨："由是观之，异时鸟雀巢不敢近人者，以人为甚于蛇、鼠之类也。

'苛政猛于虎'，信哉！"苏轼的母亲反对杀生，应该是受到佛教影响，而苏轼反对杀生，则是受儒家（应施行仁政）和佛教的双重影响。因此我们可以看到，在中国的传统文化中有许多与动物保护相关的理念。

第一节　中国古代有动物保护吗？

笔者以前也曾有过认知误区，即以为动物保护理念是西方的舶来品，国内没有这方面的传统。尽管在古典文学中看到过一些跟动物保护有关的话语，常见的如"扫地恐伤蝼蚁命，爱惜飞蛾纱罩灯"，但这似乎只是对佛教出家人的要求，与普通人关联不大。后来阅读了一些文献，才发现事实并非如此，中国古代哲学中有不少理念都跟动物权益相关，且不限于佛教。

这点也得到了西方学者的公认，不少人都提到东方（非西方）比西方更看重动物的生命。例如德格拉齐亚（David DeGrazia）的书中就反复说到，虽然西方人和东方人都会说生命是神圣的，但只有东方人在心里想到的是所有的生命。儒家传统强调万物一体，孔子的追随者们虽然承认人类具有明显的优越性，但却努力培育万物一体的情感，并同情所有遭受痛苦的生物。[①] 非西方传统慎重地承诺保护动物的利益和尊重动物的生命，不论是认为它们的

① ［美］戴维·德格拉齐亚：《动物权利》，杨通进译，外语教学与研究出版社 2007 年版，第 138 页。

19

生命具有内在价值，还是仅仅作为人类自我救赎和繁荣的工具，而西方传统则确信人类比其他动物更重要。①

在中国的传统文化中，儒释道三家的立论对动物保护都有贡献。相对而言，儒家对动物的保护最不彻底，因为它认为爱有差等，爱人应该胜过爱动物。例如《论语》记载的孔子言行："厩焚，子退朝，曰：伤人乎？不问马"，认为马再贵也比不上人。在儒家的等级制中，人比动物高级，对低等级的爱不能僭越对高等级的爱，因而对动物的仁爱不能建立在损害人利益的基础之上。然而，儒家提倡的仁爱并不排斥动物，虽然低了一等，动物也还在仁爱的范围之内。《孔子家语》中，孔子宣扬黄帝的仁政，其中就包括"仁厚及于鸟兽昆虫"。因此，儒家推崇的"仁"就为保护动物提供了理论基础，这也是苏轼能援引孔子的话来反对杀狗的原因。

有学者认为，在儒家所建构的道德世界中，关爱、保护动物是现实世界中每个个体应具有的道德义务，这一立场为应对生态挑战、建构社会主义生态文明提供了一种可资借鉴的思想资源②。但总体来看，儒家之仁有其局限性。既然人比动物高级，那为了人的利益，也就可以牺牲动物的利益。孟子说："君子之于禽兽也，见其生，不忍见其死；闻其声，不忍食其肉。是以君子远庖厨。"看来，这君子之仁并不表现在要想办法挽救动物的生命，而

---

① ［美］戴维·德格拉齐亚：《动物权利》，杨通进译，外语教学与研究出版社 2007 年版，第 139 页。
② 杜永宽：《爱的原则如何扩展到动物？——儒家视域下的人与动物关系》，《南京林业大学学报》（人文社会科学版）2021 年第 5 期。

只要闭上眼睛不看、远离庖厨就可以了，也无怪乎在某些动物保护主义者看来，儒家的有些"仁"带有虚伪性。

相形之下，道家对动物的保护更彻底。"道生万物"，万物都是道的产物，没有贵贱之分，因此万物平等。① 道家又说"道法自然"，所有行为都要顺应自然，即一种自然而然的状态，强调外力不干涉。《道德经》上说："天之道，损有余而补不足，人之道则不然，损不足以奉有余"，批评人类过于贪婪，伤害动物也是人类贪婪的一种表现。这些论述不特别指代动物，而是包括所有物，没有生命的物体也在其中。不过，道家的代表人物庄子颇有动物情结，他经常让动物置身于各个哲学领域，以动物喻人、示人和教人，其人生哲学被认为是在某种程度上演变为向动物学习的仿生哲学②。

有学者认为，庄子的"万物皆出于机，皆入于机"，是动物利益应当受到平等考量的依据。庄子坚决反对人类对动物的剥削，提出"无以人灭天，无以故灭命"，作为保存动物性的一个基本原则，他因此反对豢养宠物，提出对待宠物当顺性全德的观点。对经济性动物，庄子也表现出其一以贯之的普遍主义的道德关怀。③由此可见，庄子认为爱护动物的关键在于保存其自然天性。因此，

---

① 田巧玲:《辛格动物解放和道家物无贵贱思想比较研究》,《东南大学学报》(哲学社会科学版) 2009 年第 11 期。
② 魏义霞:《庄子的动物情结与仿生哲学》,《学海》2013 年第 1 期。
③ 邓永芳、刘国和:《庄子动物伦理思想探微》,《阜阳师范学院学报》(社会科学版) 2012 年第 1 期。

有人认为老庄之学用于野生动物保护更恰当，但涉及伴侣动物时不太适用。

对动物的态度，道家跟儒家有很大差别，这引起了儒家对道家的一些批评。例如荀子就不赞同庄子主张动物有其独立的价值与权利，他站在儒家立场上批评庄子是"蔽于天而不知人"，只看到动物权利而忽略了人的权利①。类似这样的质疑，在今天的动物权益领域中也普遍存在，即当人类的利益和动物的利益发生冲突时，人类应该如何选择？人类与动物的利益真的是一致的吗？

佛教可以说是对动物保护贡献最大的，其影响也最大。佛教的动物生态伦理以"缘起论"为理论基石。在缘起论的俗谛层面，佛教通过阐释动物具有感知苦乐的能力，从而承认动物是道德存在物；但因动物愚痴，智能不高，不能受道德教化，故又不承认动物是道德主体。在真谛层面，佛教伦理的生命观是"众生皆具佛性"，论证了动物具有作为目的本身的内在价值。佛教伦理中的动物感知观和生命平等观为动物保护提供了理论依据，而在实践层面，则提倡以"大慈大悲"的精神实行戒杀、素食、放生等护生善行。② 不过，佛教更多从万物皆有佛性和性善论的角度来倡导动物权利，并不从动物的利益、价值与感受苦乐的本体论意

---

① 方旭东：《"庄子蔽于天而不知人"新议——基于当代动物权利论争的背景》，《深圳大学学报》（人文社会科学版）2014年第1期。

② 金婷、刘中亮：《佛教中的动物生态伦理思想》，《南京林业大学学报》（人文社会科学版）2018年第2期。

义上来保护动物，而是以佛教徒获得转生来世善的果报为目的①。从这个角度来说，佛教提倡不杀生的背后还是有人类中心主义的影子。

对于大众而言，所受到的影响是以上各家的综合。有人研究在民间流传的劝善书，发现这些书是儒释道三家融合的民间产物，其中提出了"慈心于物""爱惜物命"等基本理念，即认为人类应该以仁慈怜悯的态度爱护一切动物，因为"人与物同"，动物和人类在很多方面是相似的。根据上述理念，进一步提出人类对动物的两种基本义务，即积极的护生义务与消极的戒杀义务。劝善书推动了中国传统动物保护的民间化，但它也存在局限性，即带有浓厚的宗教色彩，具有鲜明的功利目的，道德要求过于严苛。②

另一个对民间动物权益保护影响较大的是文学，例如四大名著之一的《西游记》，也是儒释道三家融合的产物。我们都知道唐僧取经一行有五位，除唐僧和沙僧外，其他都是非人类，比例高达60%。孙悟空是石猴，猪八戒下界后成了猪身，白龙马则是龙变的马。而取经途中碰到的妖怪，也有不少是动物，甚至比一般人还更具智慧和才能。不但如此，神仙界的动物也不少，昴日星官的真身就是一只大公鸡，所以才能轻而易举地灭了蝎子精。动物有灵，植物也一样，荆棘岭的树木花草都可修炼成人形，具有人类的思想和

---

① 徐昌文、徐晶：《解析佛教的动物权利思想》，《兰州学刊》2007年第9期。
② 张娅茹：《中国古代劝善书中的动物伦理思想研究》，湖南师范大学硕士学位论文，2021年。

情感。可以说，《西游记》呈现出来的是一个万物有灵的世界。既然万物有感知，也就无法忽略其权益，尤其是生命权了。

不过，《西游记》远非万物平等、和谐共处的世界，人与动物的冲突随处可见。例如孙悟空离开花果山后，小猴子们就遭到当地猎户的荼毒，后来孙悟空被唐僧赶走，回到花果山，群猴就对他哭诉："说起这猎户可恨！他把我们中箭着枪的，中毒打死的，拿了去剥皮剔骨，酱煮醋蒸，油煎盐炒，当作下饭食用。或有那遭网的，遇扣的，夹活儿拿去了，教他跳圈做戏，翻筋斗，竖蜻蜓，当街上筛锣擂鼓，无所不为的玩耍。"孙悟空听后十分恼怒，把千余猎户都打杀了，并吩咐手下："把那打死的猎户衣服，剥得来家洗净血迹，穿了遮寒；把死人的尸首，都推在那万丈深潭里。"如果我们看懂前因后果，可能会对孙悟空为什么随意打杀凡人的"妖怪"做法（此举被唐僧深恶痛绝）有更深的理解。

在法律方面，古代有一些跟动物保护相关的法令，主要是对自然环境和野生动物的保护，也有对家养动物的保护。例如西周时期颁发过的《伐崇令》："毋动六畜，不如令者，死勿赦。"随着秦汉时期相关法令的不断完善，对野生动物的保护进入新阶段，一些规定更具体了。如《秦律十八种》规定："不准设捕鸟兽之陷阱、网罟"，并对捕杀野生动物的时间和方法做了详细规定，对违反规定者明确了如何甄别情况进行处理。这类法律历朝历代都有延续，因为颁布政令以禁杀或禁猎是行仁政的表现，符合天道，具有道德正当性。如唐元宗曾诰禁屠杀犬鸡；宋真宗曾诏牛羊司畜有孳乳者勿杀；元世祖曾申严杀牛马之禁，还曾禁捕飞禽及杀当乳者。[1]

据研究，唐代的动物禁屠法已相当成熟，其中蕴含儒佛道三家的影响。佛家思想在唐代得到推崇，奠定了对动物"护生"的基调；道家融入非人类中心主义的元素；儒家则以"天人合一"为主线，将人与动物视为共存于同一道德世界中。唐代在此基础上建立了多元的畜牧动物禁屠形式，除《唐律疏议》中对牛马等畜牧动物的一般性禁屠性律文规定外，还有农祈禁屠、护生禁屠、节忌禁屠等三种形式，此外还建立了就地保护的禁猎制度和迁地保护的禁苑制度，对野生动物进行保护。研究者最后得出结论，动物作为中古社会生活的重要组成部分，出于道德教化、巩固秩序等原因，通过多样的法律形式被纳入了法律秩序之中，尽管动物禁屠制度的最终目的仍是维护封建国家统治，但也不可否认这种制度的内核带有对动物的道德关怀。[2]

明清时期大致延续了对野生动物的保护，并引入统治者应不扰民、勤俭朴素等思想。如《明史》第八十二卷中有记载："仁宗初，光禄卿井泉奏，岁例遣正官往南京采玉面狸，帝叱之曰：'小人不达政体。朕方下诏，尽罢不急之务以息民，岂以口腹细故，失大信耶！'"后来还明令禁止官员将野生动物作为食用对象。又如雍正皇帝曾颁布谕旨要求停止制作象牙席："朕与一切器具，但

---

① 莽萍、徐雪莉编：《为动物立法：东亚动物福利法律汇编》，中国政法大学出版社 2005 年版，第 23 页。
② 苏达：《唐代动物禁屠法律制度研究》，中南财经政法大学硕士学位论文，2020 年。

取朴素实用，不尚华丽工巧，屡降谕旨甚明。从前广东曾进象牙席，朕甚不取，以为不过偶然之进献，未降谕旨切戒，今者献者日多，大非朕意。夫以象牙编织为器，或如团扇之类，具体尚小。今制为座席。则取材甚多，倍费人工，开奢靡之端矣。等传谕广东督抚，若广东工匠为此，则禁其勿得再制。若从海洋而来，从此摒弃勿买，则制造之风，自然止息矣。"这些做法虽然没有明确提出动物保护，但客观上对动物保护起到了积极作用。

除中国外，东方国家因深受佛教文化的影响，不少都制定过与动物保护有关的法令。例如公元前三世纪的印度皇帝阿育王皈依佛教，在其统治期间通过了一部动物保护法。日本也是最早有保护动物法令的国家之一，在德川幕府时代，第五代将军德川纲吉曾颁布《生类怜悯令》，这是源于日本本土佛教文化的果实，内容包括"强制登记家犬，供应无主犬只食物，不得任意抛弃动物，路上遇到受伤动物应设法救助"等。不过，有批评者指出德川过于眷顾狗，规定"凡伤害狗者一律处死，对狗说话要用敬语"，处罚也相对严苛，罔顾民生疾苦，从而影响了该政令的延续性。[1]

第二节　近现代动物权益保护的进展

当代动物保护理念和运动起源于西方，但有学者梳理西方人

---

[1] 莽萍、徐雪莉编：《为动物立法：东亚动物福利法律汇编》，中国政法大学出版社 2005年版，第 20 页。

26

对动物的态度，发现在很长一段时间，西方人都认为动物低人一等。例如古希腊哲学家亚里士多德提出，动物只能使用身体，只服从本能，所以比拥有灵魂和理智的人类低贱，应该受人类统治，这是自然且公正的。① 他声称植物为了动物而存在，而动物为了人而存在，家畜则为了他们的工作而存在。② 近代西方哲学家康德认为，人对动物只有间接责任，对动物的责任实际上也是为了人。动物没有自我意识，仅仅是作为一种目的的手段，这种目的就是人。人对动物要友善，因为对动物残忍的人也会对他人残忍。③

有学者提出，西方人对待动物的态度植根于两个传统，即犹太教与古希腊文化，这两个根源在基督教中结合为一，并在欧洲盛行。根据《圣经》，上帝按照自己的形象创造了人类，并赋予人类统治万物的权利。这种对动物的态度在民间有很大影响力，以至于直至近代仍有一些思想家认为人类与动物具有本质上的差别，动物不在人类道德的范围之内，其中较为典型的代表有法国哲学家笛卡尔，他认为动物是没有感觉的机器。边沁是近代西方哲学中第一位倡导将动物纳入人类伦理思想的重要人物，他主张感受痛苦的能力是一个生灵是否拥有权利、受到平等考虑的关键特征。

---

① ［澳］彼得·辛格、［美］汤姆·雷根编：《动物权利与人类义务》(第2版)，曾建平、代峰译，北京大学出版社2010年版，第5页。
② ［法］罗伯特·马吉欧里：《哲学家与动物》，杨智清译，社会科学文献出版社2017年版，第189页。
③ ［澳］彼得·辛格、［美］汤姆·雷根编：《动物权利与人类义务》(第2版)，曾建平、代峰译，北京大学出版社2010年版，第25页。

在边沁等思想家的影响下，动物的境况在 19 世纪时获得了包括法律规范层面上的实际改变。①

这种改变当然不是一帆风顺的，实践中经历了许多曲折。1809 年，英国有人在国会提出一项禁止虐待动物的提案，最终被否决，还遭到了很多人的嘲笑。1822 年，马丁提出禁止虐待动物的议案"马丁法令"，被认为是世界上第一部反虐待动物的法令。此后，在马丁的积极参与下，反虐待动物协会诞生。1840 年，维多利亚女王给该协会冠以"皇家"二字。② 不过，据说《马丁法案》当时是以照顾饲主的利益为由通过的，因该法案规定"无故"虐待某些为他人财产之家畜的行为是违法的。马丁积极参与动物保护，负责收集虐待动物的证据并提出告诉，但其目的在于教育而不是处罚，他本人还常常替那些因虐待动物被罚的穷人交罚款。③

1911 年，英国设立了《动物保护法》，其主要内容是反对虐待动物，规定残忍对待动物的人会被处以 6 个月以下的监禁或 5 级以下罚款，情节严重的，可以二者并罚。④《宠物法案》则是在 1951 年制定的，后经过多次修改，⑤ 这部法律比较全面地规定了宠

① 王倩慧：《动物法在全球的发展及对中国的启示》，《国际法研究》2020 年第 2 期。
② 宋伟编著：《善待生灵：英国动物福利法律制度概要》，中国科学技术大学出版社 2001 年版，第 2 页。
③ 高利红：《动物的法律地位研究》，中国政法大学出版社 2005 年版，第 236 页。
④ 宋伟编著：《善待生灵：英国动物福利法律制度概要》，中国科学技术大学出版社 2001 年版，第 102 页。
⑤ 同上书，第 15—16 页。

物（伴侣动物）的一些相关权利。1960年,《动物遗弃法》进一步规定遗弃宠物属于犯罪行为：任何伴侣动物的主人或管理人员,无故遗弃动物的将被认为犯有虐待罪。①

整体上而言,西方关于动物保护的法律主要涉及动物保育（animal conservation）、动物福利（animal welfare）和动物权利（animal rights）三个方面。动物保育论将动物视为人类可利用的资源,出于保护自然环境、维护生物多样性的目的对动物实施保护。动物福利论虽然也支持人类对动物的利用,但承认动物具有内在价值,认为人类对动物负有道德义务,主张利用动物时应最大程度地减少动物的痛苦。动物权利论则反对人类对动物的利用,认为动物具有与人类同等的道德地位,试图改变动物的法律地位,为动物争取法律权利。②

从20世纪末至21世纪,随着动物福利及动物权利思想的传播,特别是动物保护运动的影响,相关的法律规范不断增多。由于动物权利观念比较激进,争议较大,动物福利观念更容易被接受。目前,全球已有至少109个国家和地区通过了体现动物福利的法律规范,很多国家在立法中承认动物是具有感知的生命。此外,还有国家在动物保护立法实践上向动物权利理念的方向发展,改变了动物的法律地位,例如德国在其民法典中规定"动物不是

① 宋伟编著：《善待生灵：英国动物福利法律制度概要》,中国科学技术大学出版社2001年版,第70页。
② 王倩慧：《动物法在全球的发展及对中国的启示》,《国际法研究》2020年第2期。

物"。[1]宠物保护方面，欧洲议会在1987年召开会议，确定了宠物保护的基本原则，指出宠物对人类环境的贡献，鼓励人们尊重所有的宠物，不把它们视为应当被限制自由的生物，而应将它们看成养主需要负特殊责任的活的生物。[2]美国自20世纪90年代以来，联邦和许多州、县及地方政府增加或修订了虐待动物法，以加强对虐待伴侣动物的处罚，这些政策变革的努力是关于正确对待同伴动物的一系列政治冲突的结果。[3]

尽管动物权益保护取得了一定进展，但国际层面上的相关共识尚未达成。1978年10月15日，联合国教科文组织时任总干事于当天宣读了旨在承认动物基本权利的《世界动物权利宣言》（Universal Declaration of Animal Rights），宣称所有动物生而平等，但该宣言并未被联合国教科文组织或任何其他国际组织采纳，由于反对者抗议等，最后默默无闻，鲜被提及。同样，由世界动物保护协会组织在2000年动物世界大会上公布的《动物福利全球宣言》（Universal Declaration for Animal Welfare），虽然目前已获得46个国家、330家动物保护组织以及两百万人的支持，但该宣言对国家并没有任何拘束力。[4]

国际动物保护运动对我国也有深刻影响。从晚清时期开始就

---

① ④ 王倩慧：《动物法在全球的发展及对中国的启示》，《国际法研究》2020年第2期。

② 宋伟编著：《善待生灵：英国动物福利法律制度概要》，中国科学技术大学出版社2001年版，第29页。

③ Susan Hunter, Richard A. Brisbin, *Pet Politics: The Political and Legal Lives of Cats, Dogs, and Horses in Canada and the United States*, West Lafayette, IN: Purdue University Press, 2016.

有人对西方人道主义动物观进行介绍和宣传，对时人的观念转变产生了积极影响。1898年，上海租界诞生了外国人组织的禁止虐待动物协会，即上海救牲会。民国时期，保护动物活动由外国人主导转为国人自觉开展。1933年，朱子桥等人发起成立中国保护动物会，1934年，该会正式成立，采用各种方式宣传保护动物理念。受其影响，以南京市市长石瑛为代表的中外人士发起组织南京市禁止虐待动物协会，开展禁止虐待动物活动，通过了《南京市禁止虐待动物条例施行细则》。1935年，该细则成为"中央法规"，在全国推行。然而，以中国保护动物会为代表的组织并没有实现其"以发扬本国固有道德，制止或减少人类之残杀行为，保护物之生命与自由"的目的，因为保护动物活动严重脱离了当时的社会需要，在内忧外患的大环境中很难获得大众的认可与支持。随着日本发动侵华战争，对动物的爱心建设让位于抗战救国，保护动物运动也就不了了之。①

早期的动物保护活动开展中，女性也有积极参与。当时英国人的动物保护观念及其行为作为一种"他者"文化，从人与动物关系的角度加深了中国人对西方的了解，在一定程度上重塑了中国知识分子对"自我"的认知。以吕碧城为代表的一部分人在积极借鉴西方经验的同时，从中国传统文化中发掘过往被遗忘或忽

---

① 徐志德：《未竟之业：民国时期保护动物研究——以中国保护动物会为中心的考察》，南京大学硕士学位论文，2015年。

略的"文明"基因，由此促进了民国时期的动物保护活动。[①] 吕碧城是清末民初著名的女词人，缪珊如曾写诗称赞她"绛帷独拥人争羡，到处咸推吕碧城"，可见其知名度之高。她在《大公报》倡言女权，创办女学，曾写诗抒怀："流俗待看除旧弊，深闺有愿作新民。"民国时期，吕碧城与国外保护动物和提倡素食的团体有联系。在她的积极介绍和引荐下，和原本国内上海佛教居士林所推动的戒杀、护生运动合流，各地纷纷成立中国保护动物会、中国放生会、世界素食同志会等相关组织。民初传统佛教的慈悲放生得以和国际上保护动物、蔬食运动接轨，实乃肇基于吕碧城的媒介与影响。[②]

在亚洲地区，动物保护法的实践有其区域特色。中国香港早在 20 世纪 30 年代就颁布了《防止残酷虐待动物规例》，新加坡则是在 1965 年通过的《畜鸟法》，这些法律涉及的动物范围较广，包括鸟、鱼、爬行动物和昆虫等。[③]日本历经波折，1973 年才通过《动物保护管理相关条例》，然而该法律对动物的同情比日本历史上的《生类怜悯令》要少得多，精神上更近于西法而疏远了东方传统，甚至被认为主要是用于防止人们被动物伤害[④]。中国台湾

---

① 王晓辉：《"礼拜不鞭马"：清末民初国人对英国动物保护的认知及初步实践》，《全球史评论》2017 年第 2 期。

② 范纯武：《清末民初女词人吕碧城与国际蔬食运动》，《清史研究》2010 年第 2 期。

③ 莽萍、徐雪莉编：《为动物立法：东亚动物福利法律汇编》，中国政法大学出版社 2005 年版，第 19 页。

④ 1999 年 12 月，该法修订为《动物爱护和保管法》，扩大了对虐待和遗弃行为的处罚，立法理念从"保护"到"爱护"的演进，反映了日本人对动物保护的观念变化。

的《动物保护法》稍晚一些，在1999年11月4日公布施行。自20世纪90年代开始，"动物保护推动计划"就已成为影响台湾社会的重要活动①，由于中国传统文化有"好死不如赖活着""上天有好生之德"等根深蒂固的观念，民众相当排斥对犬猫实施安乐死，对其活着的品质反而较不在意，这成为台湾推动动物保护特有的一大瓶颈。②

中国内地迄今为止尚未制定动物保护法，刑法及民法典中也没有禁止虐待动物的条款。可以说，中国动物保护立法仍处于动物保育阶段。《中华人民共和国野生动物保护法》是国内唯一一部将保护对象明确为动物的法律。③立法的相对滞后，有人认为跟传统有关。赞同食用猫狗肉的群体认为这是中国的传统文化，禁止食用猫狗肉的法律政策是在盲目仿效西方。由于禁食猫狗肉在中国仍存在很大争议，这成为中国制定全面动物保护法的一大障碍。④笔者对此有不同意见，如前所述，中国传统文化中有很多保护动物的内容，禁食猫狗虽有反对者，支持者也甚多。20年前笔者在上海还看到过狗肉火锅店，今天早已绝迹。还有学者提出，现行法律禁止以食用为目的的猫狗屠宰与销售，商业性屠宰销售猫狗行为的非法性否定了消费者购买食用猫狗肉行为的正当性，故而吃猫狗权是不成立的。尽快制定《伴侣动物保护和管理

---

① 莽萍、徐雪莉编：《为动物立法：东亚动物福利法律汇编》，中国政法大学出版社2005年版，第86页。
② 同上书，第97页。
③④ 王倩慧：《动物法在全球的发展及对中国的启示》，《国际法研究》2020年第2期。

法》，从"间接禁食"立法模式转向"直接禁食"模式，是实现国家有效干预和社会治理法治化的重要方面。[①]

目前，国内倡议设立动物保护法、伴侣动物保护法的呼声很高。瞿榕认为我国现阶段适宜保护动物福利而不是动物权利，伴侣动物是具备"特殊法律物格"的法律客体，且我国已充分具备为伴侣动物福利立法的必要性和可行性，因为伴侣动物引发的社会矛盾凸显，人民参与立法的积极性超出预期。其构想的伴侣动物福利法律制度的立法目是保护伴侣动物、实现人与自然和谐相处、稳定社会秩序。立法原则包括最低限度保护、饲养人主体责任、公众参与原则，针对伴侣动物的繁殖、交易、饲养、监督机制、责任追究五个阶段，借鉴域外经验而建立具体制度。[②]

在全国立法之前，地区能否先行也备受关注。2021 年，有记者从上海市十五届人大常委会第三十次会议上了解到，宠物管理已纳入人大立法重点调研项目。市人大监察和司法委员会表示，近年来社区流浪猫狗的问题频频引发关注，市民对此意见较大，确有必要加强对宠物和流浪动物的管理，规范宠物饲养行为，以进一步提高城市文明水平，因此市人大已将《上海市宠物管理与保护条例（暂定名）》列入常委会立法重点调研项目，会根据调研情况，适时建议通过废旧立新的方式，将这一保护条例列入常委会立法计划正式项目。

---

① 钱叶芳：《间接禁食立法模式下犬猫食用权之谬误》，《湖湘法学评论》2022 年第 1 期。
② 瞿榕：《我国伴侣动物福利法律制度研究》，兰州大学硕士学位论文，2021 年。

第三节　当代动物保护的路线之争

说到动物权利，彼得·辛格是一个绕不开的人物，他也是当世哲学家中最受争议的一位学者，其著作《动物解放》被认为是"动物保护运动的圣经"，最早出版于 1975 年。彼得·辛格是坚定的动物权利倡导者，他认为动物权利与人的权利是一样的，那些否认动物权利的人是物种歧视者，不幸的是这样的人很多。他指出，绝大多数人都是物种歧视者，平常人（不是特别残酷无情的少数人，而是人类的大多数）都积极参与、默认和容忍用他们的赋税去做不惜牺牲其他物种成员的重大利益，来增进我们人类自己琐碎利益的事。①

彼得·辛格认为物种歧视跟种族歧视、性别歧视是类似的，本质上都是在忽略他者的利益。种族歧视者或种族主义分子，在自己的种族利益与其他种族的利益发生冲突时，偏向自己的种族成员，因而违反平等的原则。性别歧视者或性别主义者，则会偏袒同性别人类的利益，违反平等的原则。同样，物种歧视者容许本物种的利益凌驾于其他物种的更大利益之上。这几种歧视的模式实际上完全相同。② 他进一步提出，动物解放运动比其他任何解放运动都要求人类具有更大的利他主义精神，因为动物自己没

---

① ［澳］彼得·辛格：《动物解放》，祖述宪译，中信出版社 2018 年版，第 13 页。
② 同上书，第 12 页。

有能力要求自身的解放，或者去用投票、示威和抵制的手段对它们的状况进行抗议。①

不过，这样的倡议过于理想化，难以得到大众的认同。反种族歧视、反性别歧视之所以能取得不少进展，主要是有色人种、女性自己站出来争取权益的缘故，动物权益倡导没有这样的条件。很多人都反对虐待动物，但要让他们切实参与到动物权益倡导和实践中来，就比较困难。大家没有参与的动力，主要是缺乏改变自己的动力，很多人觉得这个门槛太高了。曲高则和寡，对此彼得·辛格也心知肚明，他在书中这样写道："我们为自己的生活承担责任，尽我们所能使生活免于残忍，第一步就要停止吃动物，但是许多反对虐待动物的人在成为素食者这条界限面前止步不前。"②

问题到底出在哪里？我们可以再来看一位动物权利倡导者：汤姆·雷根，他的观点与彼得·辛格有相似之处，如认为动物权是人权的一部分，两者的理性基础是一样的③，人类与动物的福利在类别上并无差异。④这种从哲学角度来论证动物权利的做法，似乎不太能得到女性权益关注者的共情。汤姆·雷根曾抱怨，自己遭受了某些支持关爱伦理的男女平权主义者的攻击，他们把他

---

① ［澳］彼得·辛格：《动物解放》，祖述宪译，中信出版社 2018 年版，第 321 页。
② 同上书，第 202 页。
③ ［澳］彼得·辛格、［美］汤姆·雷根编：《动物权利与人类义务》(第 2 版)，曾建平、代峰译，北京大学出版社 2010 年版，第 115 页。
④ ［美］汤姆·雷根：《动物权利研究》，李曦译，北京大学出版社 2010 年版，第 99 页。

的观点说成"男性主义对情感的轻视",而"这个判断的唯一依据是:我坚持认为,我展示的对动物权利的辩护依赖于理性,而非情感。可是,不这么辩护如何可能呢?一个人如何发展出以诉诸情感为基础的动物权利理论呢?人们在我作品中看到的是认为情感具有限度,而不是'轻视情感'"。① 为了说明自己并不轻视情感,他特地举例,1985年自己发表的一篇关于动物权利的文章中就涉及情感,其中这样写道:"有时(这并不罕见),当我听到、读到或看到落入人类手里的动物的悲惨境遇时,我禁不住落泪。它们的痛苦和苦难,它们的孤独与无辜,它们的死亡、气愤、愤怒、可怜、悲痛、憎恶……是我们的心,而不仅仅是我的头脑,在呼唤中止这一切。"②

如果说汤姆·雷根还试图解释自己也是情感动物,希望能与那些重视情感力量的动物权益关注者达成部分共识的话,彼得·辛格则干脆地对这些人嗤之以鼻。他认为,尽管人类与非人类动物之间存在明显的差异,但我们与它们共同拥有感知痛苦的能力,这就意味着它们和我们一样拥有利益③,而这跟他本人是否爱动物毫无关系,他的书(《动物解放》)是为那些关心结束所有压迫和剥削动物的行为、认为人人平等的基本道德原则不应当武断地只限于人类的人们而写的。如果设想关心这些事情的人必定

———————

① [美]汤姆·雷根:《动物权利研究》,李曦译,北京大学出版社2010年版,第31页。
② 同上书,第32页。
③ [澳]彼得·辛格:《动物解放》,祖述宪译,中信出版社2018年版,第400页。

是一个"动物爱好者",正表明他们对于我们把人与人之间的道德标准延伸到其他动物的理念一无所知。因此他再一次强调,本书不是为了用感伤的情绪来唤起人们对"逗人喜爱的"动物产生同情。[①]

彼得·辛格在书中讲述了这样一个故事,他和妻子受邀去别人家做客,女主人的朋友知道他在写一本关于动物的书,于是跟他聊自己爱动物、养宠物(一条狗、两只猫)的事,并询问他和妻子养了什么宠物,可这不但没有引起彼得·辛格的共鸣,反而激起了他的强烈不满。他在书中用了很长的篇幅来描述这件事,并反复强调自己的观点:

本书不是关于宠物的,所以对于那些认为爱护动物只不过是抚弄猫儿或在花园里喂鸟的人而言,这可能不是一本舒心的读物。我们告诉她,我们什么宠物也没有养。她看上去有点惊讶。我们解释说,我们所关注的是防止动物的痛苦和悲惨的遭遇,反对专横地歧视;我们认为强使其他动物承受不必要的痛苦是错误的,即使那种动物不是人类的一员;而且我们坚信动物受到了人类无情而残忍的压迫,我们想要改变这种状况。除此之外,我们对动物没有什么特别的"兴趣",也不像许多人那样对狗、猫或者马等动物有特别的喜爱。我们并不"爱"动物,我们只是要求人们把

---

① 〔澳〕彼得·辛格:《动物解放》,祖述宪译,中信出版社 2018 年版,第 392 页。

动物作为独立的有感知力的生命来对待，而不是把它们当成满足人的目的的工具，就像那头猪生前所受到的对待那样，它的肉正夹在女主人的三明治里。①

　　笔者代入这位养宠女士的处境，如果是自己被这样挤兑一通、听到这样一番说教，恐怕很难对彼得·辛格的立场产生共情，正相反，我会对这个口若悬河的大男人很反感。当然，彼得·辛格并不否认共情的力量，他在 2018 年界面文化的访谈中这样说："想想看佛教吧，菩萨不是一个普通人，他们训练自己，让自己有对世间有灵之物拥有无尽的同情之心。"然而菩萨的境界哪是凡人能达到的？我们每一个人的共情能力都很有限，但这不等于这种共情是虚假的。动物权利倡导者致力于从理性、逻辑的高度来论证动物权利的合理性，在这个过程中，情感处于一种边缘位置，甚至可以不存在，这可能是他们无法得到大众认同的重要原因。

　　在界面文化对台湾东华大学教授黄宗洁的一个访谈中，问及她对彼得·辛格在《动物解放》中强调自己"不爱动物"的看法，以及应该怎么看待"爱"与"关心"这样的情感因素在动物保护中的意义。黄宗洁的回答是："我可以理解彼得·辛格为什么这么说，他想强调人对动物有伦理上的责任。辛格是想把责任的框架纳入动物保护，强调人对环境、对动物负有责任义务。但这句

---

① ［澳］彼得·辛格：《动物解放》，祖述宪译，中信出版社 2018 年版，第 391 页。

话如果断章取义也会很危险，现在有些人会过度强调理性的力量，情感因素常常被贬低。爱变成了一个负面的意涵，情感好像成了滥情的、不考量社会整体利益的、只出于个人好恶的东西。把理性和情感当成矛盾价值会造成不必要的冲突，现在中国台湾地区的动物保护里有很多对立出现，好像大家势不两立，但如果你真的关心动物，你应该同时都会在意。其中根本上的误解是针对情感的，好像情感就比理智更低一级。"笔者同意这个看法，在倡导动物权利时，理性与情感应该处于同等重要的地位，毕竟很多人参与动物权利倡导都是源于情感的力量，而不是从研习哲学入门的。

休·唐纳森、威尔·金里卡在其著作中指出，动物权利倡导至今，虽然取得了一些成果，但整体趋势是灾难性的。对比之下，动物福利改革取得的那些微小胜利就相形见绌了。[1] 他们认为，有些动物保护的倡导者和运动者采取一种"动物权利"框架，而根据强式动物权利论，动物应当被视为像人类一样拥有某种不可侵犯之权利：有些伤害动物的事情即使可以促进人类利益或生态系统的活力，我们也不应当去做。人类与动物是平等的，二者之间不是主人与奴隶、管理者与资源、监护者与被监护者，或者创造者与受造者的关系。[2] 然而，必须承认迄今为止该理论在政

---

① ［加拿大］休·唐纳森、威尔·金里卡：《动物社群：政治性的动物权利论》，王珀译，广西师范大学出版社 2022 年版，第 2 页。
② 同上书，第 5 页。

治上仍然是边缘化的，仅仅在小范围流传，没有得到公众的响应。事实上，即使是那些支持动物权利论的人，在公共宣传中也不倡导这个观点，因为它过于偏离现有的舆论。动物权利论的框架没有政治竞争力。所以，在对抗系统性动物剥削的斗争中，动物保护运动基本上是失败的。①

既然动物权利论没有竞争力，得不到公众支持，那应该怎么办呢？休·唐纳森、威尔·金里卡给出了另一种运动路径，即聚焦于人与动物的关系。他们认为，我们身处一个与无数动物共享的社会之中。人类与动物之间持续性的互动是无法避免的，这个现实必须处于动物权利运动的核心，而不应被边缘化。② 基于此，他们提出应该将（家养）动物纳入公民身份实践中来，并认为这是可以实现的。因为一旦我们看到公民身份是如何兼顾人类内部的巨大差异性而应用于所有人的，就能理解如何将动物纳入公民身份实践。③ 而且我们也必须这么做，因为人类对此负有责任。是人类把这些动物带到了人类社会中来，驯化它们从而使其适应人类社会，并断掉了它们的其他后路。由于这个过程中人类是始作俑者，我们必须承认家养动物现在是我们社会的成员。它们属于这里，而且必须视为人类-动物共享的政治社群的成员。④

----

① ［加拿大］休·唐纳森、威尔·金里卡：《动物社群：政治性的动物权利论》，王珀译，广西师范大学出版社2022年版，第6页。
② 同上书，第11页。
③ 同上书，第20页。
④ 同上书，第96页。

而且，宠物自身对此不是一无所知。不只是猫狗，大多数家养动物都知道向人类寻求帮助，无论是为自己，还是为他者。也就是说，它们知道自己属于与人类的合作社会的一部分。[1] 在笔者的观察和调研中，发现过许多这样的案例。例如在微信群[2] 里，一个猫妈这样介绍某个毛孩子（猫和狗的统称）的由来："我家这个，凌晨了在楼下叫，我以为叫一会就走了，结果叫了半个钟头，然后我刚下楼，刚一开门，她[3] 就朝着我猛冲，一下子撞我怀里。"在交流中大家发现，不少猫咪都是通过这种"碰瓷"的行为，为自己找到了一个温暖的家。又如访谈中，王泡小泡家的猫咪王阿美在怀孕后为解决生产的困难，主动向人类求助[4]：

其实从来没有想到过自己会养猫，遇到王阿美之前，家里只有一条小狗。我家住在河边，每天早晨，就去河边遛狗。有一天，还是遛狗，正走着，突然感觉后面有一只猫在跟着，我停下来，

---

[1] ［加拿大］休·唐纳森、威尔·金里卡：《动物社群：政治性的动物权利论》，王珀译，广西师范大学出版社 2022 年版，第 157 页。

[2] 如无特别说明，本书提及的微信群是笔者建立的"糖猫猫"群，用于糖尿病猫家长的交流和互助。

[3] 在写作此书的过程中，笔者发现人称代词成为一个难题。按照惯例，动物应用"它"作为代词，然而，很多宠物主人因要表达对宠物的重视，选择了"她"或"他"，笔者自己也是如此。斟酌之下，笔者决定在引用主人的话，或在表达其意见时，尽量沿用其习惯的人称代词。这可能造成一些阅读时的困惑，希望读者谅解。

[4] 笔者在自己的微信公众号上开展了猫咪访谈系列文，王泡小泡（网名）即受访者之一。微信公众号：voiceyaya-mimi；目前名称为：yaya 的房间。比较规范的学术性访谈，访谈内容往往是研究者的独有资料。而作为受访者，笔者常希望自己的访谈被公开。该系列访谈文有个大致框架，但受访者可以选择回答，或者增加新问题，甚至可以根据自己的喜好改变访谈的形式，例如有一位受访者就以家中猫咪的身份来接受了访谈。系列文在公众号发出后，其他网友也可以通过评论的方式加入讨论。

她就停下来，我走，她就继续跟着我走。我转身问她，你跟着我干什么？她一下子就跳到了我的怀里。

当时，我以为她生病了，因为她很瘦，可肚子很大，看起来很没有精神。不忍心就这样把她扔在路边，就带着她去医院做检查。医生说她怀孕了，肚子里面有六只小猫，还有十天左右就要生产了。医生问我，打算收养她吗？我当下也没有别的办法，就把她抱回家，赶紧联系宠物店的老板，给我送了一个很大的猫笼子，还有猫粮和猫砂盆。

有人反对家养宠物[①]，认为这样造成了宠物的幼态化（neotonization）（即成年后仍留有幼年特征，如可爱的外表、较低的攻击性、爱玩耍以及其他特征）和依赖性，这两个特征将宠物永久锁定于一种不成熟的无尊严的状态。[②] 然而，依赖性本身并不意味着丧失尊严，如果我们不认为依赖性是缺乏尊严，将宠物视为有能力的个体，知道自己要什么，也知道如何通过交流来得到，有潜力去实现能动性、表达偏好、作出选择，那它的尊严就没有失去。所以，是我们应该学习如何去理解并回应它们的愿望、需求和贡献，从而去思考如何重建社会，使它们能够最好地发挥

[①] 本书中，宠物、家养动物、伴侣动物等词处于混用状态，一方面是因为引用的文献中本就用词不一，再作区分似乎没必要。另一方面，笔者自身并不排斥"宠物"这个词，正如这里所指出的一些原因。

[②] ［加拿大］休·唐纳森、威尔·金里卡：《动物社群：政治性的动物权利论》，王珀译，广西师范大学出版社 2022 年版，第 107 页。

潜能。① 与此类似，当我们考察人类发展过程时，也会看到以下趋势：体型变小，攻击性降低，玩耍、学习和适应的能力提高，以及社会联系和合作行为的增多等，这些都被视为积极的发展。这些特征在人类身上被赋予了积极的价值，而到了动物这里，却被视为有损尊严。②

最后唐纳森和金里卡指出，废除论者和绝育论者呼吁结束人类与家养动物的一切关系，这给动物权利运动带来了一场策略上的灾难。毕竟，许多人开始关心动物权利，正是因为与某个伴侣动物建立了关系，这使得他们看到了动物生命丰富的个体，看到了与动物建立一种非剥削关系的可能性。如果坚持认为支持动物权利需要谴责所有这些关系，就会疏离许多潜在的动物权利支持者，也为那些对动物权利有敌意的人提供一个很容易攻击的靶子。③ 很多人对伴侣动物的爱与关心并不是应被鄙视的盲目情感，而是一种有待运用和拓展的强大道德力量。④ 笔者认为这段话确实说中了某些动物权利倡导者的弊病，很多宠物主人确实没法（至少是一开始）做到拒绝吃肉，但这不能说明其对动物的爱、对动物权利的关注是虚伪的，乃至可以被讥讽嘲笑。若这样做，等于是把同盟（至少是潜在的）推到了对立面，对动物权利倡导有

① [加拿大]休·唐纳森、威尔·金里卡：《动物社群：政治性的动物权利论》，王珀译，广西师范大学出版社 2022 年版，第 109 页。
② 同上书，第 111 页。
③ 同上书，第 102—103 页。
④ 同上书，第 203 页。

百害而无一利。

不过，段义孚所指出的，在现代富足的西方社会，狗和猫能够也确实对主人索求甚多，不仅要付出时间和金钱，而且还需要付出注意力和个人关照。有时可以说主人们是在被自己的宠物驯化和奴役，为了保持宠物的健康和快乐，他们要做的事情是如此之多。但是虽然主人的服务具有献身精神并值得赞扬，却也强调了动物彻头彻尾的依赖性。因此，他认为宠物主人和宠物之间仍是优越者对依附者的支配关系，虽然两者之间感情深厚，但这种情感的姿态是由优越者给予依附者，从来不会用于平等者之间。[①]这也是一定程度上客观存在的事实，人类作为更具优势的一方，如何跟宠物之间建立一种更平等的关系，很多时候仍然是一个悬而未决的议题，但这至少可以作为一个努力方向。

善待动物组织（PETA, People for the Ethical Treatment of Animals）是世界上最大的动物权利组织，该组织认为没有理由区别对待伴侣动物和那些为食物而饲养的动物，应该平等地尊重所有动物。刘满新发表在网上的《你对宠物的爱，实际是自私的欲望？》中提到，善待动物组织在官方网站上表示，我们拥有动物并从它们身上索取爱，其实是一种自私的欲望，甚至会对它们产生不可比拟的痛苦，"从操纵它们的繁殖配种，任意贩卖动物，到剥脱它们在自然环境中生活的机会"，所以我们应该逐渐废除人类

---

① ［美］段义孚：《制造宠物：支配与感情》，赵世玲译，光启书局 2022 年版，第 286 页。

留养动物的习俗和实践。这种表述就很难让宠物主人接受，对此更理性的态度应该是承认现状（宠物已进入人类社会）以及人性的复杂性，如哈尔·赫尔佐格（Hal Herzog）所言："在我一开始探讨人类与动物的互动关系时，为明显的道德不一致性感到深深困惑。我慢慢相信，所谓的矛盾并非出于精神异常或伪善。相反，矛盾无可避免，这即是人性。我们对待动物的态度、行为以及我们生活周边的动物——不管是我们爱的、恨的还是吃进腹中的，都比我们所想的还要复杂。"①

无论如何，养猫对于鼓励人类思考动物与人的关系，有很大的促进作用。在笔者所作的猫主人调研中，对于宠物繁殖、人类对宠物的责任、人类中心主义等议题，都有不少人在反思，如下面这几位：

猫主人（甘肃兰州）：我觉得猫咪整个种族被人类祸害惨了，各种繁育配种，比较典型的就是折耳无毛，折耳的基因像病毒一样在猫界流传，看着耳朵挺支棱的小猫其实也可能是折耳。

猫主人（福建福州）：当第一只家猫从埃及诞生、驯化、培育时，人类就对家猫有不可推卸的照养责任和义务。不仅仅是出于人类务实的契约精神（驯养猫咪的目的一开始是看粮仓），更是人

---

① ［美］哈尔·赫尔佐格：《为什么狗是宠物猪是食物？》，李奥森译，海南出版社 2019 年版，第 28 页。

类到了一定文明程度，出于对生命的关怀和尊重，以及人类对于家猫传播到世界各地入侵生态系统的"弥补"心态而应做出的保护和问题善后。

猫主人（广东佛山）：自从家里的猫咪应激得病去世后，我对养猫的看法完全颠覆。猫比人更有"人性"。猫给人的太多，可是人的一个疏忽就能把猫害死。猫只是我们生活的一部分，但家养的猫，房子和家里的人就是它这辈子能面对的全部。想想人是多么自大自私，还以为自己是拯救者，就像地球不需要人类一样，动物本来也不需要人。人该跟猫多学学什么是陪伴。我现在讨厌宠物这个词，我会用动物伴侣，想要有猫做伴儿，先好好学习，想想到底什么是平等与信任、尊重与自由。对，也许听起来极端，但我就是这么想的。人类没有什么在猫面前装主子、自以为高明和了不起的地方。

第四节　我们如何参与动物保护？

养猫的这些年，笔者一直在思考一个问题，作为一个女性、宠物猫的家长，要如何参与动物保护？大多数人首先想到的是为社区流浪动物尤其是流浪猫做点事，如捐款捐物，参与救助。不过在讨论这个问题前，笔者想要强调一点，那就是我们必须认识到女性与动物保护、流浪动物救助之间的关联。

耶鲁大学的斯蒂芬·柯勒特 (Stephen Kellert) 发现，女性比男性更在乎动物保护议题，[①] 女性比男性更容易因为受苦的动物而改变自己的生活，当代动物权利运动的主要生力军皆为女性，[②] 其他领域的女性也较男性更为关注动物的状态。因为道德因素放弃肉食的人中，更是女多于男。[③] 有些社会学家认为，女性对动物权议题有感的原因是不管女性还是动物，都是男权剥削的牺牲者，因此女性比男性更具备对动物的同理心。也有学者认为这是性别差异与社会化的联系，因为男孩从出生开始就被灌输漠视动物的观念。[④] 这种差异性让一些女性积极参与到救助流浪动物的活动中，丰富了她们的人生，但由于资源与能力的不足，这种参与也可能给一些女性带来沉重的负担。

有调查显示，约有 75%—85% 的动物囤藏者 [⑤] 是女性，多数独居，有半数以上超过 60 岁 [⑥]，对此有一种解释是动物囤藏与痴呆症、强迫症、容易成瘾的性格、社会网络断裂及妄想症有关。哈尔·赫尔佐格则推测囤藏的起因或许是复杂的善意，希望解救动物，却无法划下道德的界限，这让对动物解救问题更为关切的

---

① ［美］哈尔·赫尔佐格：《为什么狗是宠物猪是食物？》，李奥森译，海南出版社 2019 年版，第 131 页。

② 同上书，第 132 页。

③ 同上书，第 133 页。

④ 同上书，第 138 页。

⑤ 即动物囤积症患者，他们常常囤积超乎常理数量的宠物，但是却无法给予它们适当的照顾。

⑥ ［美］哈尔·赫尔佐格：《为什么狗是宠物猪是食物？》，李奥森译，海南出版社 2019 年版，第 135 页。

女性容易成为潜在的囤藏者 [①]。在笔者看来，这些女性是动物权利被损害的连带受害者，她们想要保护动物，但没能找到更好的方式，反而让自己也成了受害者。而一些媒体对这类女性的负面报道，可能会使得那些并没有囤积症、只是救助动物太多而在一定程度上陷入生活困境的女性也遭受歧视，认为她们有心理和精神上的问题，而对她们自身和她们所救助的动物的困境视而不见。

目前在国内，参与流浪猫救助的人中不少是女性。上海有不少以救助、收养流浪猫而著称的老阿姨，她们往往为此付出了巨大代价。在笔者的访谈中，不少猫主人（多为女性）都曾参与流浪猫救助，有两名受访者还试图通过商业＋公益的模式来扩宽救助路径。受访者 emma 分析了救助活动中的性别差异："女性救助人得到的家庭支持很有限，她们会说自己不能再收养更多的毛孩子了，因为年纪越来越大，担心将来自己生病或者去世以后，家人不会帮忙照顾猫，会把它们再次遗弃。我接触到的女性救助人一般都是养猫＋喂猫＋'TNR'[②]，也会申请平台的帮助，和平台合作。男性救助人喂猫的很少，一般都是流浪动物救助平台的运营者和志愿者。我感觉救助工作当中的性别分工、性别差异和育儿工作有类似之处，女性承担更多琐碎的无偿的工作，男性参与不多，而且一般都是负责宣传、运营，以及 TNR 当中的抓捕等。"

---

① ［美］哈尔·赫尔佐格：《为什么狗是宠物猪是食物？》，李奥森译，海南出版社 2019 年版，第 136 页。
② 国际上通用的、控制流浪猫数量的方法之一，即通过 Trap（抓捕）、Neuter（绝育）、Return（放归），降低流浪猫的种群密度，让它们有更多的生存空间，同时减少扰民的现象，缓解其与社区居民的矛盾。

除了帮助流浪猫，作为个体，我们还可以在哪些方面做出改进？动物权利倡导者提到的那个最基本的问题，放弃吃肉，为什么难以做到呢？就笔者的观察而言，国内的动物爱好者、养宠者、参与动物救助的人中，素食者寥寥无几，反而是信仰佛教的人里面，有不少人自愿实践素食。造成这种现象的原因很多，一方面，个人饮食习惯的改变很困难。而且当代人注重养生，许多人相信肉类中的营养是其他食物所无法提供的，不吃肉会影响身体健康。尽管有人提出，多数调查发现，素食主义者比肉食者拥有更好的体魄，许多素食主义者认为自己不但改善了健康状态，也拥有较好的生活品质与精神状态①，但多数人对此并不相信；另一方面，国人深受传统文化（道家）的影响，认为不应该干涉自然，食物链也是自然界规律，人类可看作食物链中的一环，吃动物的肉只要不过度，超出某种必要，似乎就不应该被干涉。

　　而且，那种过于苛刻、带有指控意味的素食倡导方式，很多人都难以接受。2018 年，善待动物组织曾在美国推出一个路牌广告，当中一行醒目的大字："面对现实吧，吃鸡蛋就别说自己是女权主义者"，下方还用小字写着："蛋和乳制品都是残害雌性动物的产物"。这让笔者联想到参加一次环保活动的经历，现场看到一个大大的海报，上书一行大字："它们也是母亲！"仔细一看上面是奶牛的图片，呼吁大家不喝牛奶，倡议用植物奶代替动

----

① ［美］哈尔·赫尔佐格：《为什么狗是宠物猪是食物？》，李奥森译，海南出版社 2019 年版，第 186 页。

物奶。笔者跟一些受访者提及时，发现多数人对此并不赞同，其中很大一部分原因，就是对这种带有谴责意味的倡导方式不能接受。

善待动物组织的倡议引起过不少争议，2018年他们的另一个倡议也受到不少批评。当时该组织在网上提议改造英语中涉及动物的惯用说法，让英语变得更加动物友好（animal-friendly），如呼吁大家停止使用"反动物"语言。什么是反动物语言呢？比如"Kill two birds with one stone"（一石二鸟），建议将其改为："Feed two birds with one scone"（拿一个英国司康饼喂两只鸟）。这种倡议是否有必要？笔者以为可以从两方面来看，在引起人们对动物保护的关注上，它有一定的效果，但从改变话语的角度而言，可能是失败的，一个固定用语（成语）不可能因为这样的倡议就凭空消失。不过，语词的意义会随着人们观念的变化，在潜移默化中改变原有的含义、情绪色彩，逐渐实现语意的更新。比如"猫鼠同眠"以前用来比喻官吏失职，上级包庇下属干坏事，上下狼狈为奸，而现在的社交媒体上，不少人会上传自家猫咪和仓鼠和谐睡在一起的图片，认为很可爱。长此以往，"猫鼠同眠"也许就不会再引起人们的反感，而是让人意识到了另一种可能，即在人类文明世界中，不同物种甚至天敌间也可以和谐地生活在一起。

虽然善待动物组织不认为伴侣动物在动物保护中具有特别地位，不赞同伴侣动物应该享有更多权益，但在工作实践中，他们也常利用宠物主人、宠物爱好者的心理来进行倡导。例如通过重新命名的方法，让人们关注那些没有毛茸茸外形的有鳍动物，他们最新的反钓活动口号就是："拯救海底小猫！"[1] 这显然是在利用人们对宠物猫的喜爱，来唤起其对动物保护的关注。因此，养猫的人、吸猫的人越来越多，或许对于动物保护工作是一个很大的促进。

作为宠物主人，我们确实需要承担起相关责任。家养动物在行使权利的同时负有责任，它们不应为他者带来不公平和不合理的损失，或为合作体系带来无法长期承受的负担。[2] 对于养猫的人来说，要承担的责任更多，因为有学者特别指出，家养动物中只有猫是真正的食肉动物，这对人类-动物社会提出了一个独特的挑战。猫必须接受一些必要的限制，如谨慎地监控猫的户外活动。这种程度的限制是否使猫不太可能在混合社会中健全地生活？这意味着任何一个考虑养猫的人都要同意承担责任，确保自己的猫在接受必要限制的条件下健全地生活，包括创造条件让它们在不危害他者的情况下享受户外活动。[3]

这里关于户外生活的建议更多对国外养猫者适用，国内的宠物猫基本是在室内生活，能享受户外活动的不多，不过在将来猫咪逐渐扩大活动空间、走出家门的时候，这个问题迟早也会提上

---

[1] ［美］哈尔·赫尔佐格：《为什么狗是宠物猪是食物？》，李奥森译，海南出版社 2019 年版，第 47 页。

[2] ［加拿大］休·唐纳森、威尔·金里卡：《动物社群：政治性的动物权利论》，王珀译，广西师范大学出版社 2022 年版，第 192 页。

[3] 同上书，第 200 页。

议事日程。对于国内养猫者而言，目前最大的问题在于猫的食物：猫吃肉是否损害了其他动物的权益呢？猫真的能吃素吗？这是否会损害猫咪的健康？目前一些商家开发出了一种素猫粮，专供信仰佛教（而非单纯的动物保护主义者）的猫友，但这种猫粮在网上也引发了很大的争议。

第三章 多物种家庭的逐渐显现

　　进入 21 世纪以来，全世界养宠物的人越来越多。何谓宠物？英国历史学家基思·托马斯（Keith Thomas）认为宠物具备三个特征：首先，宠物是家庭成员的一部分。宠物往往和家庭成员共同居住，而其他的动物则被排除在家庭之外。其次，宠物往往被主人赋予名字，而其他动物往往被称呼通用的物种名称。最后，宠物不能作为人类的食物被摆上餐桌，这是由于宠物在家庭中作为"家庭成员"而存在。总的来说，相比于其他动物，宠物更加被赋予拟人化的特征，以及更加强调其对人类的情感性、社会性的支持，而非经济性、物质性的工具支持。

　　宠物的增多，使得多物种家庭（multi-species households）逐渐为人所知。顾名思义，多物种家庭就是由不同物种组成的家庭。社会学家安德里亚·劳伦特·辛普森（Andrea Laurent Simpson）在其新书《伴侣动物如何进入家庭》中就提到，美国的宠物主人正在改变家庭的定义，此举将对美国的家庭结构产生深远影响，而她的这本书就有助于解释多物种家庭作为一种新的多样化、非传统家庭结构的存在。① 在美国，越来越多的人将伴侣动物视为合法的家庭成员，将"孩子""兄弟姐妹"和"孙子女"等身份扩展到了家中的狗和猫。2006 年，皮尤研究中心（Pew Research Center）进行的一项民意调查证实了这一趋势，85% 的养狗人将狗视为家人，78% 的养猫人将猫视为家人。2011 年，一项民意调查中的受访者对宠物有家人感觉的比例达到 91%，2015 年，这一比例更是达到了惊人的 95%。②

近年来，类似情况在中国开始显现。各种调查数据显示，养宠物的人越来越多。2022 年 1 月 18 日，由中国畜牧业协会宠物产业分会指导、派读宠物行业大数据平台制作的《2021 年中国宠物行业白皮书》(消费报告）发布，其中提到宠物猫的数量已超过犬，成为饲养最多的宠物。在中国城镇家庭中，宠物猫的数量达到 5 806 万只，犬则有 5 429 万只。犬猫市场的规模达到 2 490 亿元，同比增长 20.6%。然而，2021 年宠物主人的人均拥有犬、猫数量和 2020 年相比变化不大。也就是说，宠物市场的增长主要得益于养宠人群的增加。

艾瑞咨询发布的《2021 年中国宠物科学喂养行业研究报告》对注重科学喂养的养宠人进行调研，发现其主要集中在一、二线城市，以 18—35 岁的女性为主。这些养宠人不但注重宠物食品的营养配比，还关注宠物的美容、诊疗等细分领域，试图让宠物在

---

①② Andrea Laurent-Simpson, *Just Like Family: How Companion Animals Joined the Household*, New York: New York University Press, 2021.

外在形象和内在心理健康上实现协同发展，因此称其为绚宠派。调研显示，绚宠派中将宠物视作重要情感纽带（家人、朋友、毛孩子）的比例高达88%。[①]2022年，亚宠研究院发布的《宠物行业蓝皮书：2022中国宠物行业发展报告》显示，我国宠物数量及养宠人数持续增长，2021年宠物市场规模达到1 500亿元，其中19—30岁的青年人是主要养宠人群。基于宠物主对宠物健康的重视以及对减轻宠物医疗成本的需求，60%以上的宠物主表达了对宠物保险的消费需求。多家媒体对该报告进行报道时，称其反映了宠物家人化的趋势。

说到宠物家人化的趋势，笔者还想到一件趣事。养宠以来，笔者一直在告诉自己的朋友，自家米米跟笔者长相酷似。然而听到的人都不知道怎么回复，多数人选择沉默，少数人对此嗤之以鼻。是啊，猫怎么可能长得跟人一模一样呢？然而，笔者后来找到了论据：不管是委内瑞拉、日本还是英国的研究团队，都陆陆续续有大致相同的研究成果，证实多数宠物主人长得跟宠物极其相似。[②]作为家人、伴侣的宠物猫，它们就是这样，无论是外形，还是内在，都正在融入我们的人类家庭。

---

① 艾瑞咨询：《人宠协同发展》，载《宠物科学喂养研究报告2021年》，《艾瑞咨询系列研究报告》2021年第8期。
② ［美］哈尔·赫尔佐格：《为什么狗是宠物猪是食物？》，李奥森译，海南出版社2019年版，第28页。

第一节　宠物与人类家庭和社区

有学者指出，多物种家庭并不是一个新现象，而是早就存在于人类社会中。人与动物之间的情感关系有着悠久历史，跨越物种界限的亲属关系并不是新鲜事物，更不是什么奇怪的事情，而一直就是那些与其他动物共享其家庭空间的人的日常生活，只是它的存在一直被物种壁垒有效地屏蔽在社会学之外。[①] 也就是说，多物种家庭早就存在、一直存在，只是没有被学界、公众关注到。

在中国古代，尽管不少人家里养有宠物，但通常并不被认为是家庭成员，至少不是身份平等的成员。多物种家庭的一种表现形式可能是假借神怪传说，如一些由动物（也有植物）修炼而成的精灵，幻化为人形，外表跟人无异，借助于这层掩护可以跟人类组成家庭。最著名的大概是白娘子和许仙，这里的白娘子不是人而是蛇，只是修炼成了人身，跟凡人许仙组成了家庭。尽管两人是真爱，最后还是因为人妖殊途，被迫分离，这是多物种家庭的一个悲剧性隐喻。跨物种之间能建立起真挚的情感，却往往无法抵御现实困境，因为这种非常规家庭是不被主流社会所接纳的。

无论古今中外，动物进入人类的家庭是一个漫长的过程，其间经历了许多痛苦的煎熬，有观念上的分歧，也有客观环境的限

---

① Nickie Charles, "'Animals Just Love You as You Are': Experiencing Kinship across the Species Barrier", *Sociology*, Vol. 48, No. 4, 2014.

制。2007年诺贝尔文学奖获得者多丽丝·莱辛有一本书名为《特别的猫》①，该书被翻译引入国内后，多丽丝·莱辛被一些书评人轻佻地描述为"爱猫成痴"，还有评论说这是写一个人如何从杀猫变成爱猫的书。在笔者看来，这些言论基本是胡扯，这本书根本不是某些人写的那种鸡汤爱猫文，更不是泛泛在谈人性转变，如此种种，都是隔靴搔痒的误读，当然也可能这些人根本没读。

多丽丝·莱辛写的不是历史，就是我们的当下。《特别的猫》是小说，但据说取材于作者自身的真实经历。这本书用的是第一人称"我"，她写到"我"儿时住在非洲的农庄，那里生存资源很少，人们的生活非常粗糙，人和猫的关系更像是大自然资源的竞争者。由于猫的繁殖很快，不得不对它们进行数量控制，而这种控制方式就是血腥的屠杀。"我"生活在这样的环境中，被迫成了一个杀猫者，更可怕的是，有一天在杀了一只野猫之后，"我"忽然发现这只猫曾是自己家中的宠物：

我们讨厌野猫，他们一见我们就竖起爪子，呜呜低吼，他们也讨厌我们。这是一只野猫，我朝她开了一枪，她"咚"的一声摔下树枝，跌到我脚边，在飞舞的羽毛堆中抽搐了几下，便一动不动了。换作平常，我都是立刻抓起那又脏又臭的猫尾巴，拎起尸体，扔进附近的一口废井里。但我总觉得这只野猫有点奇怪，

---

① ［英］多丽丝·莱辛：《特别的猫》，邱益鸿译，译林出版社2018年版。

于是弯下腰看了看她。她的头型不太像野猫的，毛发虽然粗糙，但与野猫相比还是偏柔软了些。我不得不承认，她不是野猫，而是我家养的猫。我们认出，这具丑陋的尸体，就是米妮，那只我家两年前忽然失踪的宠猫，当时我们还以为她是被老鹰或是猫头鹰抓走了呢。米妮有一半波斯猫的血统，身子毛茸茸的，摸着特别舒服。眼前的死猫的确是她，一名偷鸡贼。

杀猫成了他们生活的一部分，不但她会杀猫，母亲、父亲更需要承担起这样的责任。然而，在又一次"我家屋里、周围库房以及农场四周的灌木丛，全都猫满为患"，必须采取行动的时候，"我"的母亲，那个一贯"仁爱明理，善持家，尤其务实，极少感情用事。不仅如此，她还是那种懂得如何做事、也肯亲力亲为的女子"，忽然再也承受不住了，不愿意再参与这样的屠杀，而"我"对此无法理解：

我百思不得其解，为什么在那个可怕的周末，母亲会抛下我不管，把我丢给父亲，让我们与四十多只猫待在家里……究竟是什么原因让母亲突然勇气尽失？还是她是想以此来抗议什么？她的心里到底承受着怎样的痛苦？当年她突然开口说，淹死小猫崽儿，杀死病猫的事儿，今后别再找她。她说这话的真正用意又是什么？最后，她明明知道在我们家养猫成患已是事实，心里清楚接下来会发生什么事情，为什么依然抛下我们独自离去？

母亲抿紧嘴唇，一言不发地离开家门，离家之前和她最喜欢的猫道别，她一边温柔地抚摸猫头，一边哭泣。而当时的"我"对母亲的行为不能理解，认为她是自寻烦恼，不明白她的哭泣是因为无助、无能为力。母亲走了之后，父亲独自完成了杀猫的工作。母亲回到家里，轻手轻脚、一言不发地穿过这栋只剩下一只猫的房子，这只就是她最喜欢的那只老猫。尽管如此，母亲并没有要求家人放她一马，只是一回家就找她，在她身边坐了很久，一边抚摸她，一边和她说着话。其实，父亲和"我"都不喜欢这次屠猫行动，"我"对此更是异常愤怒，但在记忆中并未因此而悲伤。因为在这粗糙的生活环境中，我们必须变得麻木，屏蔽自己的情感，才能继续存活下去，这是一种生存策略和技能，我们无法选择。

这些人，他们是生而为杀猫者的吗？显然不是。正相反，"我"从小就是一个爱猫者，曾经为了心爱的小猫跟父母抗争，争取到短暂的抚养权。只是到了非洲农场之后，由于恶劣的生存环境，我们才逐渐有所改变，把心中那种爱猫的情感压抑了下去：

父母告诉我，我三岁时，有一次和保姆外出散步，当时是在德黑兰，我不顾保姆的反对，在街上捡了一只饿得奄奄一息的小猫，把她抱回了家。他们说，我一直嚷嚷着说，她是我的小猫。家人一开始是坚决不同意收养的，但我为了小猫对他们死缠烂打，决不放弃。小猫身上很脏，家人用高锰酸钾给她洗澡消毒，从此她就和我同睡一铺。我不允许别人把她带走，但她却一定得离开我，因为不久之后我们举家搬离波斯，只能将她留下。又或许是她死了，或许——我怎么知道？不管怎样，在遥远的过去，一个小女孩为自己赢取了一只日夜相伴的小猫，可惜小女孩最终还是失去了她。

后来"我"去了伦敦生活，重新开始养猫。但好景不长，一次有事外出的时候，"我"把猫托付给一个朋友照看，结果猫从三层楼高的屋顶上摔了下来。公寓顶楼有一扇高高的窗户，窗外是一个平屋顶，猫是散养的，可以经常坐在那儿晒太阳。从今天的眼光看来，这是一个非常不负责的猫主人，因为她没有封窗。但在那个时候的伦敦，这不是什么大事。那里的养猫人有些在外出时是直接把猫赶到大街上的，根本不用找人照看。而"我"对此事的叙述中也看不到任何自责，最后作者轻描淡写地写了一句："因此我认定，让猫待在伦敦就是个错误。"

相对于非洲农村，伦敦的生活已经算是对猫友好了。尽管在这里，猫的生存困境依然存在，甚至可以说到处是陷阱，一不小心就可能丧命。而且，猫的繁殖仍是困扰居民和猫主人的最大难题。"我"养的猫也很快遇到这个问题，邻居纷纷建议要给猫绝育，认为生育对猫来说太残忍，"我"对此感到犹豫，打了好几个电话询问兽医，想知道是否可以只结扎输卵管，让猫至少还有正常的性生活，但兽医对此并不支持。"我"去咨询皇家防虐动物协会，工作人员一口咬定这个手术非做不可。作者写道："他们会持这种态度倒也可以理解，因为这里每周都得消灭掉好几百只没人要的猫——我想，那些猫或许都曾是某人的'可爱小猫'，只是长大后就不得人心了。"权衡之下，"我"最终还是给猫做了手术，但猫似乎遭受了很大打击，性格完全改变了。

英国的动物权利保护运动发端早、历史悠久，英国人的爱猫更是有口皆碑，英国画家路易斯·韦恩（Louis Wain）的拟人猫咪画像在当时就风靡一时，至今还脍炙人口，在世界各地有无数的拥趸、粉丝，他本人还因此担任过国际猫咪协会的主席。很多人看到那些可爱的猫咪画像，可能认为当时英国的猫咪已成为人类的朋友，幸福地跟人类生活在一起了。然而，多丽丝·莱辛冷静的笔触给我们揭示了真实的伦敦（在《马丁法案》出台100多年后），在这个著名的爱猫城市中，当时每周被消灭的、无主流浪猫有几百只之多！

就这样，在"我"的生活中，对猫的真挚爱意与现实生活的残酷，经常发生激烈的冲突。后来，"我"养的一只黑猫生病了，而且病得很重，怎么办？救还是不救，天人交战一番后，"我"选择了救治，为此付出了巨大的心力：

要让黑猫活下去，就得全天候地伺候她。可我手头的事儿真的很多。何况，就像家里人说的，她不过就是只猫罢了。但她并不仅只是一只猫罢了。我这么说，自然有多种原因，虽然它们全都是人类的观点，跟黑猫本身毫无干系，但我绝不允许她就这样死去……每隔半小时我就喂她一次流食。我把那可怜的小家伙从角落里抱过来，把液体灌进她的肚子里。我是用蛮力撬开她的牙，所以很担心她的下巴会受伤。很可能她的下巴真的痛得要命。那天晚上，我把她抱到床上睡，每隔一个小时叫醒她一次……就这样过了整整十天，我每天带她去兽医院看病。

看到这里，读者可能忍不住开始想，在这个更为文明的城市环境中，那个三岁时就爱猫的小女孩终于回来了吗？人和猫从此可以过上和谐快乐的家庭生活了吗？然而作者并没有让读者如愿，在接下来的叙述中，她笔锋一转，"我"又从救猫人转变成了杀猫人。黑猫生小猫了，而且是连续两次生育，而"我"当时搬到乡村居住。显然，我们无法承担这么多小猫，我们必须解决这个问题，在那一瞬间，我们又变回了非洲农庄的"野蛮人"，残酷地扼杀了几只可爱的小精灵：

勇敢的小猫，聪明的小猫，漂亮的小猫……没用的，反正我们得处理掉四只。我们真的下手了。那经历太可怕了。事后，我们其中两个人在夜色下拿着火把，走到外面那块长条形田地里，在连绵细雨中挖了一个洞，将四只死猫掩埋起来。我们边干活边咒骂大自然、咒骂彼此和生命。完事后，我们回到了那安静的、正燃着炉火的房间里，黑猫正躺在一张干净的毛毯上，一只漂亮、自豪的母猫，带着两只小猫——这一次文明再次凯旋……那是一个恐怖的夜晚，我们都喝多了，一致决定要把黑猫送去结扎，因为让她遭这份罪，真的太不值了。

这些描述令人触目惊心，感同身受。如前所言，这不是一个当下那种城市爱猫文学的范本，它所展示的是人类与动物如何进入更文明社会的缓慢进程。林时猛在其论文《近代早期英格兰的宠物观念与管理》中探讨过这个问题，他发现这跟城市化的进程是分不开的。随着社会的发展，人们对宠物的观念与态度在变化。在中世纪，宗教影响着人们生活的方方面面。根据《圣经》和教会的解释，上帝让人类在世间掌管万物，动物为了人类需要而存在，宠物则是没有用的动物，不符合宗教的节制理念，所以教会反对人们饲养宠物。到了启蒙运动时期，宗教势力让位于世俗权力，人们的感性得到释放，许多人不再抑制和吝惜自己对宠物的喜爱。通过梳理近代早期英格兰的宠物观念与管理，可以看到当时的人如何看待自然世界跟人类社会之间的矛盾与冲突，以及面对时代变动的兴奋与焦虑。①

欧洲国家大多经历过类似的时代变迁，人类对猫的态度改变，跟社会发展有密切关系。在古代，猫常暗示巫术。许多民间故事

---

① 林时猛：《近代早期英格兰的宠物观念与管理》，华中师范大学硕士学位论文，2019年。

里，女巫为了作法害人，往往变形为猫。[1] 而在现代欧洲早期，折磨动物尤其是折磨猫，还是通俗的娱乐。[2] 到了 18 世纪 30 年代末期的巴黎，民间积淀起来的对猫的负面印象，与当时的社会矛盾相结合，酿成了一出悲剧。当时某个印刷所的学徒生活条件恶劣，常遭到师傅虐待，而师傅的妻子则爱（自家养的）猫如命。为了泄愤，两个学徒偷偷学猫叫，引来师傅及其妻子命令学徒赶走这些野猫，结果学徒和职工乘机展开了对猫的大屠杀。[3] 杀猫之举表达了全体工人普遍对于资产阶级所怀的恨意："师傅爱猫，于是工人恨猫。"[4] 在资产阶级的生活方式中，猫得宠有如天之骄子。养宠物在工人看来是不可思议的，折磨动物在资产阶级看来也同样不可思议。这两种感受针锋相对，猫夹在当中倒霉透顶。[5]

　　直到 19 世纪，现代意义上的宠物饲养才在西方工业国家中兴起，其中一个很重要的原因是欧洲以及美国工业化和城市化的发展。基思·托马斯认为，城市化进程导致人类社区和自然界的分离，工业生产使得动物越来越边缘化，这促使人们对诸如猫、狗等动物产生了更友善的倾向。而随着农业文化的衰退，动物屠宰场被转移到城市边缘地区，农场动物逐渐从城市人的生活当中消失，作为宠物饲养的城市动物开始填补这一空白。此外，19 世纪

---

[1] ［美］罗伯特·达恩顿:《屠猫狂欢——法国文化史钩沉》，吕健忠译，商务印书馆 2018 年版，第 112 页。

[2] 同上书，第 110 页。

[3] 同上书，第 94—95 页。

[4] 同上书，第 98 页。

[5] 同上书，第 121 页。

宠物饲养的兴起也与当时中产阶级的崛起有莫大关系。在传统社会，宠物往往被视为贵族和精英阶层的身份标识，因此拥有宠物成为当时新兴中产阶级建构自己身份地位的重要手段。进入 20 世纪早期，资本主义发展迅猛，西方社会中工人阶级的生活有了极大改善，大众休闲成为西方社会的主要特征，宠物作为人们休闲娱乐的方式之一，其饲养规模有了进一步上升。20 世纪 60 年代，人和宠物之间的关系开始有了本质性的改变，社会运动带来的观念变革延伸到了对人与动物之间关系的思考中，人们渴望和宠物之间建立起更加亲密平等的关系，"伴侣动物"（companion animal）一词也被创造出来并被人们更多地使用。

多丽丝·莱辛所记录、所讲述的人与猫，已经是现代社会的故事，人们对宠物的接纳度更高，动物权益也逐渐为大众所认同，但其所展现的各种人与动物之间的矛盾、冲突，依然是那么激荡人心。在今天，虽然许多宠物受到主人的珍爱，但我们必须承认，类似的动物悲剧还在不断发生。如段义孚所言，人类天性中深深埋藏着对动物的残忍。尽管我们同宠物的关系在表面上表现为爱和献身，但若是不承认这个残酷的现实，便算不上正确的感受。对另一种生物的痛苦和需要漠不关心，这种残忍是生存必需的产物。①

在阅读《特别的猫》时，笔者也回忆起了自己的童年。在小

---

① ［美］段义孚：《制造宠物：支配与感情》，赵世玲译，光启书局 2022 年版，第 148 页。

学四年级之前，我一直生活在农村。不过，我们家并不是农民，当时父亲在城里上班，母亲在农村的小学当教师。那个地方很贫困，没有街市，人人都吃自家种的菜，于是也给小学老师每人分了一块地，我们就自己种菜来吃，至于粮食，要到离家比较远的镇上去购买。那时家里跟农户一样，养了鸡、兔子和狗（但没有猫），对于兔子，可能是养的时间短，我模糊的印象中，它们爱挖洞，曾经偷偷挖了一个很深的洞，躲在里面生小兔子。

比较起来，我对鸡的印象更深。尤其是其中的一窝小鸡，是我和姐姐一起看着孵化出来的，毛茸茸的很可爱。我们给每一只鸡都起了名字，每天喂食的时候，一喊名字，一只只就很积极地跑过来，在地上吃撒给它们的粮食。后来，它们逐渐长大，原来的鸡窝太拥挤了，妈妈给它们另外做了一个新窝，但是它们不懂得，还是每天去旧窝睡觉。于是到了晚上，我和姐姐就一边叫着名字，一边一只一只地把那个温暖的小身子抱到新鸡窝去。然而，这窝鸡的命运是悲惨的，后来我们搬到城里了，没法再养鸡，只带了几只走，大部分鸡都送给了乡下的亲戚。而不管是带到城里的，还是送到乡下的，最后都无一例外成为人类的盘中餐。

农村人养狗主要是看家护院，我们入乡随俗，也养过两条。有一条莫名就不见了，猜测是被打狗的（那段时间，许多人家的狗都不见了，据说是有一伙贼人到处流窜作案）偷走了，被他们吃掉，或者卖给了狗肉馆。对于这条狗，可能是当时我自己年龄太小，完全没有印象。后来家里又养了一条，因为来的时候已经比较大，不是那种小奶狗，它不是很亲人，我也有点怕它，几乎没有抚摸过它。只是在搬家进城的时候，因为不能带走它，送给了学校的同事，它跟在大卡车后面追了很久，让我产生过一丝惆怅。

我对它的最后一点记忆，是我们后来又回去了一次，因为我们分到的那块地（后来自然是又分给别人），之前种的菜可以收割了，接盘的人让我们也去分一些（因为是我们种的，也有一大半功劳）。刚一到，我们全家就被那条狗认了出来，它冲过来对着我们拼命摇尾巴。不过让它失望的是，我们最后只带走了菜，而没有带走它。那个时候城市里面养狗不方便，我们家分到的房子又非常狭小，是给新婚夫妇分配的那种简易平房，而我们家有 5 口人，自然拥挤不堪，这是它不能跟来的重要原因。另外一个原因，则是它并没有被我们当成真正的家庭成员。

住平房的那个时期，家里养过一只小猫，似乎是为了要驱鼠（那时候家里不太平，不但有老鼠，还出现过蛇）。那是一只活泼的小橘猫，来的时候很小，可能只有两三个月，我喜欢这只小猫，几乎每天上学回来都要把它抱在怀里，跟它玩一会。小猫在我家好像没有名字（或者我不记得），那时候没有猫粮和罐头，它就吃我们的剩饭，最多给拌一点肉末和肉汤。因为住平房，是散养的，它在外面怎么上厕所，我们并不清楚。后来它身上长了跳蚤，那时也没有兽医，我们不知道怎么驱虫，最后是妈妈做主，小猫被送到了农村外婆家。据说它到了乡下很能捉老鼠，总算吃上了肉，也许不算是太坏的结局。

后来我们从平房搬到楼房，有过一次养狗的机会。姐姐去农村外婆家过暑假，家里的大狗生了小狗，她就拿个布袋子，把三条小狗都装了回来，还给它们起了名字，叫哆哆、啰啰、唆唆，可能是它们一天到晚吵得很、很啰唆的缘故。可是这么爱说话的三条小狗到了我家，突然就不说话了，也不吃东西，趴在地上瑟瑟发抖，看着很可怜。那时候家里条件不好，牛奶之类我们自己都吃不上，连我这样的家庭正式成员都是喝米汤长大的，养的狗从来只是吃剩饭菜，没有专门的狗食。我们只能给小狗弄了点米汤、稀饭，它们看也不看。大人说这样的小狗还没断奶，是养不活的，于是赶紧又给送回去了。

我到上海念书以后，回家不多，回乡下外婆家的次数更少。后来外婆去世了，外婆家就成了四姨妈家（外婆没有儿子，四姨妈是留在身边养老的，招婿上门，但后来离婚了）。每次我回去，或者父母来我这里，都会提到四姨妈家的一些情况。比如父母看我养猫，就说四姨妈家也有猫。她家的猫还是跟从前一样，在家吃剩饭，自己抓老鼠，不许上床。冬天冷了，猫有时也挤在火炉旁边，但如果烤火的人多，猫就会被赶走。父母提及猫，是看到我养猫当成养孩子一样，在家里很宝贝，有点难以理解，试图告诉我人家是怎么养的，有点让我效仿的意思。但我听了后，莫名有些难受，就不再过问那只猫的事。几十年过去了，在养猫这件事上，城乡差异好像越来越大。

即使同在城市，养猫方式也可能天差地别。我目前在上海居住的是个老小区，楼下有个放自行车、电动车的车棚，旁边有间小平房，以前住了一家人，一个阿姨和她的丈夫（这个平房有人说是违建的，现在还在，但不再住人了，阿姨一家也不知去向）。他们好像是物业聘用的，在这里看车棚，也兼做一些清洁，收收垃圾什么的。阿姨家有只黑狸猫，干瘦的身体，毛很粗糙，它不怎么亲人，但也不怕人。我开始以为是只野猫，后来才发现它经常在车棚那边。跟阿姨熟悉一点后，问起这只猫。她说是自己家散养的，不用猫砂盆，平时吃的是菜市场散装的便宜猫粮（那个菜场我也去，还从没注意到在卖猫粮）。这只猫是母猫，生过一只小猫（不知为啥一胎就一只），已经送人了。后来小区有个热心老阿姨，不知道从哪里给它申请到一个名额，说是可以免费做绝育，老阿姨又帮着找了个车，跟她一起带着猫咪去做了手术。这只猫据说也生过病，流口水，不吃饭（看症状是口炎），但从没去过医院，后来自己慢慢好了。阿姨感叹自家的猫咪命硬，否则花钱看医生，她是负担不起的。

阿姨是农村来的，全家都在这里打工，有一个儿子（媳妇和孙子），在上海另有住处，一般只在节假日过来。她的腿脚受过伤，行走不太方便，爬楼尤其困难（我家大米生病后，我曾想请她在我不便时帮忙看护，后来放弃了这个念头，她的身体不便也是原因之一，因为我在高楼层，这边没有电梯）。跟她聊天的时候，她说起过自己的病，因为没有那么多钱去动（骨头上的）手术，她自己也害怕动手术，就一直保守治疗，吃点中药，慢慢熬过来了，人和猫的命运何其相似。

笔者没有经历过《特别的猫》中"我"所身处的那种艰难处境，不必亲手杀害动物，乃至杀害自己的宠物，但看到过很多类似的悲剧。不只是猫，还有人，在过去生活资源匮乏的时期，为了增加自己活下去的机会，有人对亲生骨肉也会采取非常残酷的方式，动物就更不用提了。如今，宠物正在进入人类的家庭，但当我们把宠物当成家庭成员看待时，仍可能遭到嘲笑、讥讽。更糟糕的是，一些人经常把动物、宠物的权益跟人类的利益对立起来，认为养宠是一种自私自利、反社会的行为。

然而大量文献表明，人与动物之间的互动具有重大价值，对儿童的成长也有积极意义，且面向儿童的动物辅助疗法（Animal Assisted Therapy, AAT）在日常经验中也颇具可信度。[1] 例如王嘉顺采用调查问卷对 2 059 名受访对象进行测量，发现拥有宠物对是否参加无偿献血、公益募捐有显著影响，拥有宠物的人有较高心理健康水平，这可能是通过来自宠物的情感支持实现的。[2] 纪薇以 10—16 岁的儿童为被试进行研究，发现有养宠经历及宠物依恋程度高的儿童，共情倾向更高。养宠经历会促进儿童同理心的发展，其中同理心倾向、同理心能力、同理心行为反应三者相互

[1] Peggy McCardle, Sandra McCune, James A. Griffin, and Valerie Maholmes, *How Animals Affect Us: Examining the Influence of Human-Animal Interaction on Child Development and Human Health*. Washington: The American Psychological Association, 2011.
[2] 王嘉顺：《宠物饲养者的社会心理行为分析》，《医学与社会》2011 年第 3 期。

促进。因此，与宠物的亲密互动会对儿童的成长产生积极影响。[①]周慧超选取467名初中生为研究对象进行调查，发现初中生的宠物依恋、人格特质、孤独感和亲社会行为两两之间存在显著相关，其中宠物依恋与孤独感呈显著负相关，与亲社会行为呈显著正相关。因此，初中生对宠物的依恋可以减少其孤独感，合理对待宠物的态度可以培养出积极人格，促进亲社会行为。[②]

在宠物对社区建设的积极影响方面，也有不少研究对此提供支持。如国外一项研究发现，宠物较多的社区发生凶杀、抢劫以及严重袭击事件的概率较低。该研究查看了某地区595个人口普查社区2014—2016年的犯罪数据，并从一家营销公司获得了2013年当地居民家里养狗的情况。分析结果显示，与信任程度较低的社区相比，信任程度高的社区发生凶杀、抢劫和严重袭击事件的概率较低。在高信任度的社区中，养狗较多社区的犯罪率有额外的下降，抢劫率约为养狗较少社区的2/3，杀人率约为1/2。研究者认为，信任和遛狗的组合有助于减少街头犯罪，并呼吁人们关注宠物对社区建设其他方面的贡献。[③]

在调研中，笔者发现养宠物不仅能增进社区成员间的联系（主要是宠物狗，因为要遛狗），还有助于增进虚拟社区、虚拟社

---

① 纪薇：《家庭养宠对儿童同理心发展的影响》，南京师范大学硕士学位论文，2018年。
② 周慧超：《初中生宠物依恋与亲社会行为的关系——人格特质与孤独感的中介效应》，聊城大学硕士学位论文，2021年。
③ Nicolo P. Pinchak, Christopher R. Browning, Bethany Boettner, Catherine A. Calder, and Jake Tarrence, "Paws on the Street: Neighborhood-Level Concentration of Households with Dogs and Urban Crime", *Social Forces*, 2022.6.25.

交圈的联系。例如阿灿的家长就提到，当她把猫咪的图片发到微信朋友圈之后，圈粉无数："自从开始在朋友圈分享它的照片之后，阿灿一路圈粉。最得意的是，我的诗人朋友也很喜欢它，时不时地给它配上一首小令。作为一只有自己的配诗的小猫咪，阿灿应该是可以嘚瑟一下的吧。还有其他的灿粉，朋友圈里认真地给阿灿点赞，又和诗又配文的，也有给阿灿临摹写生的，线下送抱枕、苹果树等定制礼物的。阿灿虽吃一家饭，但得百家宠，真是一个妥妥的幸运儿。"

就笔者的观察来看，对宠物有深刻情感、对动物的痛苦能感同身受的人，往往也对他人的苦难更能共情，因此更愿意在公益事业上作贡献。那种认为养宠者只是为满足个人偏好，无视公共利益，是一种错误的认知。对动物权益、宠物权益的倡导，与人类的福祉基本是一致的。简而言之，人类在发展自身的过程中，不应该把自己的利益建立在他者的痛苦之上，并逐渐加重这种趋势。宠物作为一种与人类关系最为紧密的动物，可以帮助我们对人与动物之间的关系进行反思，从而认识到人类的责任所在，改正自身的不当行为，为建立更和谐的人与动物共生的世界而努力。

第二节　宠物猫：城市人的家庭新成员

宠物正在进入人类的家庭，同时成为研究者的关注对象。由于新增猫主人中多为青年，都市青年养猫成为研究者的关注重点。

叶秋萍通过滚雪球的方式采访到 20 位养猫青年，同时对一个微信群进行线上参与式观察，发现现有的人际交往对青年的支持不足，这使得城市青年对宠物猫的渴望增强，宠物猫以家庭成员的身份对城市青年的人际交往进行补充，满足了城市青年陪伴的需求，并帮助城市青年进行从消极情绪到积极情绪的转化。虽然宠物猫也会对城市青年的人际交往产生不利影响，但总体来说积极影响大于消极影响。[1]

这些新晋猫主人的未来趋势如何呢？或者我们可以参照一下日本。因为日本是著名的爱猫国度，而且日本文化与中国文化相近。有人比较中日青年的养猫情况，发现日本年轻宠物主人的饲养时长整体上长于中方。中方年轻宠物主人对宠物的依恋更高，而日方养宠人对宠物的依恋模式偏向理性，也更容易在宠物身上感到治愈。[2] 由此可推测，随着时间的推移，养猫人会更加理性地建立与宠物猫的亲密关系，且能从养猫中获得更多的治愈感。

一、猫如何进入家庭：仪式的重要性

猫是如何进入人类家庭的呢？不是捡来、买来、猫自己跑来，只要进了家门，就算是进入家庭。很多家庭在决定养宠前，经过了仔细考虑、协商，做好了充分准备。例如晓虎一家在迎接小猫

---

[1] 叶秋萍：《宠物猫对城市青年人际交往的影响研究》，厦门大学硕士学位论文，2019 年。
[2] 王莎莎：《中日饲养宠物年轻群体的饲养情况及治愈体验的研究》，大连外国语大学硕士学位论文，2022 年。

Nile 前，就做了很多功课："在看中 Nile 时，我们并没有马上决定要养它，虽然我们之前就非常喜欢猫，但仅限于'云吸猫'的范畴。我们清楚一旦决定养宠物，那就是要照顾它一辈子的事，这对我们原本的生活会有很大影响，需为之改变生活模式及习惯。我们向有养猫经验的朋友讨教，商量很久之后，最终才决定把 Nile 接回家。"

当然，也有家长是一时间的情感冲动，没有多想，就把猫咪接回家了。这跟养孩子有点像，有的孩子是家长协商后、努力备孕得来的，有的则是意外得子，事先没有准备。前一种的话，也不见得就很周全，因为智者千虑，必有一失。如晓虎家接到猫咪后，又面对了很多之前没有想到的情况，需要继续做出调整："直到现在，我们也在不断更新我们的居家环境，希望在满足自己舒适感的同时对宠物也是友好的。"后者也不见得就会出大问题，如果家长的应对、适应能力比较强，最后总能找到双方和谐共处的方式。

对人类家庭而言，新成员的进入有两种传统方式：生育（包括收养）、婚姻（可以是两人组合，也可以是两个家庭的重组）。宠物猫进入人类家庭可以说是一种例外，在这个过程中往往会参照人类的生活习惯，通过一些仪式来进行确认，有的还会持续性地通过一些仪式来巩固其成员地位。这些仪式受各地习俗的影响，并根据个人的喜好和习惯而有所不同。例如猫咪 Nile 刚到家时，家长晓虎创作了一幅画，两个人和一只小猫，一家三口都在画中，说是"家庭添加新成员的纪念"。后来他们又收留了一只流浪猫（名叫无疆），晓虎再度创作艺术品作为纪念："我现在还会经常想起那天的早晨，我朋友他双手小心翼翼地捧着只有那么一丁点儿大的无疆的样子。怎么会那么巧呢？就在我们考虑养第二只猫的时候，无疆就这样出现了，仿佛是一个注定的'礼物'。后来我把脑海中的画面制作成了个小泥塑，用物理的方式把那一刻的记忆给留存了下来。"

给猫咪起名字，也是一种传统的家庭仪式。在人类家庭中，一般是家长、家中长辈给孩子起名，名字中大多蕴含对孩子美好未来的期待。给猫咪起名，有类似的含义。例如"无疆"这个名字，就是因为捡来时小猫腿有问题，家长希望它不会受此影响，"即便有肢体残疾也一样可以自在奔跑"，没有疆界。糖猫俏俏的名字则是因为流浪时受伤，辗转两家医院求医、动手术，"遭了很大的罪，才治好了腿伤，但从此不怎么会跳高了，走路还是长短腿，因此取名为俏俏（谐音翘翘）"，希望它依然俏丽可爱。还有一些名字则跟家中原有的宠物有关，如笔者家中的小猫叫小米，因为已经有了一个大米，而 emma 家的小张，则是因为去世的猫咪名唤老张的缘故。此外还有一个普遍现象，如果宠物的名字有姓，基本是跟着主人姓（跟女主人姓的更多）。

给毛孩子过生日是比较常见的家庭仪式，它的流行还催生了各种新商业模式。在淘宝上，搜"猫生日"会看到很多商品，有纯肉生日蛋糕、生日蜡烛、生日礼包、拍照的小装饰道具等。笔者随手点进其中一个商品的评价栏，标签中就有"仪式感满满"，可见家长也知道这是一种仪式，且就是为了追求仪式感才进行消费的。如一位顾客这样写道："领养回来的小狗狗，想给她一个欢迎仪式。谢谢老板赶工帮我做好了蛋糕。"很多家长并不知道毛孩子的具体生日，尤其是领养的流浪动物，所以生日往往并不是真正的出生日，而是由家长来选定的、认为有纪念意义的某个特殊日子。

宠物过生日，许多家长还想留下纪念。商家投宠物家长之所好，开发了纪念品，其中萌宠爪印很受欢迎。淘宝的一家宠物店里，宠物生日留念手印（爪印）在人气收藏榜上高居榜首，尽管价格不便宜，仍然顾客盈门。消费该商品的宠物种类很多，在询问栏中可以看到有猫、狗、兔子、鹦鹉等。有家长在评价中兴奋地说："猫咪和狗狗的爪印都印上了，一家人就该整整齐齐，爱了爱了！"可见这商品的一大功效是强化宠物的家人身份，强调我们是"一家人"。近年来，一些线下商家也在开发相关商品，吸引顾客来店内给宠物宝宝过生日。

在笔者家中，两只猫咪的生日被定为六一儿童节。儿童节这天，笔者单位有点小福利，如给有孩子的家长赠送小礼品、搞个活动之类，但从来没把宠物考虑在内。只是在宠物权益未能得到大众认可的当下，似乎也无法就此提出诉求，只能自己给两只猫过节日，同时也就算是生日了。不过，我没有购买过那些宠物生日礼品，因为这些更多是满足家长的心理需求，两只米对此无感，只是吃的比平时好一些，陪着玩一玩，让彼此感受到被爱。

给猫咪过纪念日，或者让它们参与一些节庆的时候，需要注意一点，要尽量避免引起它们的应激，尤其对于那些有社恐问题的猫。2022年有一则报道，讲述在南京的某个婚礼现场，迎宾指示牌上是家中小猫的卡通照片。新娘称，起初想让猫咪直接来婚礼现场，但怕猫咪会应激，便想到了这个折中的办法。当天很多人都说指示牌非常可爱，新人对此也很高兴，仿佛自己的宠物真的参加了婚礼。至于社交能力更强的狗狗，有些还可以在家长的婚礼上出任花童。不管是符号化的参与，还是真正的身体参与，婚礼现场的宠物都在讲述一个事实，那就是它们也是这个家庭的成员，需要参与到家庭仪式之中。

中国人最重要的节日是春节，随着宠物猫进入人类的家庭，宠物年货也开始出现了。目前，宠物猫有自己专用的春联，有的贴在猫家具上（如猫砂盆、猫窝等），有的直接贴到大门口，常见内容如"喵肥家润事事顺，招财进宝年年富"，横批"人喵共旺"。显然这猫也是家庭的重要成员，猫心宽体胖了，全家人都会更开心。以前老话说"猫来穷"，现在把猫视为招财猫，可以招财进宝，形象完全改变了。过春节的时候，家里大人给孩子发红包，我也给大米、小米准备了小红包，放在睡着的两只身上，增加一点节日的喜庆。虽然毛孩子完全不懂红包的意义，也不会使用人民币，但相信家中喜庆的气氛会对她们产生积极影响。

年夜饭是春节期间重要的仪式之一，也是中国家庭一年中最重要的一次家宴，是全家团聚的时刻。研究发现，年轻的消费者在年夜饭仪式中，通过消费和实践，以多种方式来对自我认同、关系认同和家庭认同进行建构和强化[①]，可见这顿饭对家庭成员的重要性。如今越来越多的人外出谋生，往往难以在除夕夜赶回，有时宠物就取代了家人的位置，成为年夜饭的参与者，被嵌入家庭认同的建构之中。2022年春节，界面新闻曾做过一个特别专题："我独自和宠物过个年"，对这种现象进行记录。其中一位年轻人的故事是这样："我叫大苗，是一个就职于互联网公司的'90后'。因为疫情，我去年就是自己和猫在北京过的年，当时我提前布置好了家，又和朋友准备好了菜单，有一些仪式感。那天晚上回来，我和猫一起看电视，跟平时的每一个节日一样。今年，我还是因为疫情，打算和我的猫留京过年。"

生命结束涉及人生的最后一个仪式。宠物作为家庭成员之一，如果不幸去世，也会有相应的悼念仪式。这还有助于我们了解人类与宠物的关系变迁，如对一个多世纪前美国宠物墓碑铭文的研究发现，那个时候就有许多美国人将伴侣动物视为家庭成员，并赋予了它们与人类相近的文化特征。[②] 如今，网上随处可见给家中宠物写的悼念文、纪念文，寄托主人的哀思。有专门处理宠物身后事的店铺，可以买到所有相关物件和服务，如在家中摆放的

---

① 薛海波、Pokachev Nikolay、秦佳怡：《家庭身份认同建构研究——基于年夜饭消费仪式的诠释》，《营销科学学报》2019年第1期。

② Stanley Brandes, "The Meaning of American Pet Cemetery Gravestones", *Ethnology*, Vol.48, No.2, 2009.

宠物居家祭台。笔者访谈的一个猫咪家长，已有3只爱猫去世，她小心地收集骨灰，一一到寺院做超度，上了牌位。还有家长为宠物的去世念经超度："念了七七四十九天地藏经，狗子去了很好的地方。是啊，地藏经就是给去世的亲友念的。"有的宠物家长在仪式之后，还把骨头留为念想："我有留一块尾骨，以后我的骨灰和他俩兄弟的搁一块。"这些活动多以人类家属的去世为参照，是宠物成为家庭成员的一个明证。

国内关于家庭仪式的研究聚焦在家庭仪式对青少年的影响上，即认为家庭共有仪式可以被视为一种社交活动，用于连接家庭成员之间的关系，维持家庭秩序，形成稳定感，提升青少年对家庭的归属感、认同感、凝聚力。[①] 然而，上述跟宠物有关的家庭仪式可能更多的是对宠物家长生效，让家长深切地感到宠物是自己家庭的一员。不过，宠物虽然难以从理性的角度来理解家庭的概念，但当它们能参与其中时，应该可以从家中的气氛感受到自己的被接纳，从而产生对这个家庭的认同感。因为不管是研究，还是宠物主人的切身体验，都表明宠物猫、狗可以感知到主人的情绪、情感，而且也能表达它们自己的情感。

这里还需要指出的是，猫与猫之间是有差异的，不是所有猫都能融入人类的家庭，尤其有过流浪经历的猫，进入人类家庭时可能出现障碍。微博上有位宠物博主，家里有几只猫是从小（两

---

① 张孝义、任俊：《家庭仪式对青少年的心理价值及其效能提升》，选自《第二十三届全国心理学学术会议摘要集（下）》。

三个月）开始养的，但一直害怕人，跟其他猫也相处不好，不得不关在笼子里。对于这些怕人的猫，应该怎么办？到底是这样的猫不适合人类家庭，还是人类没有找到合适的方法与其沟通？有人提到，在行为专家的指导下，有时能成功地让人猫关系发生改变："我送出去的那只不能碰的猫，现在主动趴身上，打呼，让人随便摸，和另一只猫更和谐了。就是按照行为专家的指导，注意了很多吃喝拉撒的细节，陪玩。"

一般而言，这种训练对小猫更有效，成年猫也能有一些积极效果，但通常需要家长付出更多心血。比如陪玩，这不是有空时随便逗猫两下，而是需要"每天陪猫游戏最少两次，一次最少半小时。逗猫棒选择它喜欢的，用法有讲究，不要突然吓到它。像模拟猎物在底下跳动，还要让猫能够抓到"。需要长期的努力，花费大量时间，慢慢才能跟猫建立起亲近（类似家人）的关系，让它最终对你产生信任，舒缓焦虑的情绪，放松下来，接纳你成为它的家人，进入一种人猫和谐的状态。这种陪玩的方式，或者也可以看成人猫家庭的一种日常仪式。

家庭仪式的建构有助于人类家庭的认同与和谐，也同样有助于多物种家庭的认同与和谐，但这需要多方面的努力。一方面，家长可以通过各种拟人的家庭仪式，让宠物参与进来，营造一种和谐欢乐的气氛，增强自己对宠物的家人认同，也让宠物从中感受到乐趣。同时，作为人类的家长还要考虑到作为另一个物种（猫咪）的特殊生活习性，通过学习它们的一些生活方式，改进与它们的沟通方式，建构一些独特的跨物种家庭仪式，这才能让它们真正与自己的家庭融合，成为一个和谐的多物种家庭。

二、人宠家庭中的关系建构

猫进入人类家庭之后，家长如果没有在之前就做过选择，给它安排一个角色（比如有些家长想要一个毛孩子，宠物进家后，就自动成为子女的角色），其身份不免悬而未决。这是与人类家庭成员的一个区别，因为人类家庭成员新增时，身份大多已经确定，生育、领养的是子女，通过婚姻关系进入的则有夫妻、继子女、继父母等，不需要做选择。尽管这些角色的当事人可能适应不良，但这个身份是难以更改的，通常只有通过一定的法律程序才能解除。

宠物不是这样，它们与家长的关系相对灵活，且有一定流动性。给宠物进行角色定位的主导人是家长，但宠物往往也有参与。比如在笔者的家中，米米 ① 成为小孩就有一个比较长的过程。最初住在一起时，我和米米的关系很微妙，一度有点怕这个才两三个月的小猫，而她瞪着小猫眼睛盯着我，倒是一点不惧怕。我以为她会扑上来咬我，吓得一动不敢动。这种情况下，我当然无法想象这个虎头虎脑的小猫是我的小孩，我感觉她很神秘，完全不知道她的小脑袋里在想啥。

后来慢慢熟悉起来，我的工作状态大半是居家，跟她在一起的

---

① 笔者的第一只猫咪，第二只猫咪小米来到笔者家中之后，升级为大米。

时间很长，一点一滴地建立了情感。她的吃喝拉撒都是我负责，而她又是一个毛茸茸的小身子，爱吃爱玩，跟小孩子很像，我就逐渐把她当成小孩了。确认她是我的毛孩子，则是在给她做绝育手术后（本来不想做，但当时她每天状态很烦躁，还到处乱尿，最后还是去了），从医院抱回家，她在麻醉中没有醒过来，我把她放在枕头旁边，和她一起躺着。平时她也会睡在我旁边，但不让我抱，那天因为迷糊了，被我用手揽抱着，像个小人宝宝。她醒过来又尿床了，可能是还没完全恢复，我一点没怪她，只觉得她很可怜，为了要跟人类生活在一起，也为了她自己更平安的后半生，她付出了巨大的代价，于是我决定把她当成自己的孩子好好照顾起来。

不过，要让米米承认我是她的妈妈，那就是一个更漫长的过程了。米米的脑袋瓜子虽然小，但很聪明，我想她的记忆中一定还残留着那个真正的猫妈妈的影子，所以对于忽然冒出来的人类后妈，她在很长一段时间内都心存疑虑。比如她学会踩奶，还是在两年后的小米来了之后。小米是我在马路上捡来的流浪猫，当时只有两三个月，受了伤，送到宠物医院去救助，想送养送不出去，被我收养了。小米接受人类妈妈要容易得多（大米不是流浪猫，本来是一个朋友养的，后来归我了），到家很快就学着踩奶，在人妈妈身上踩来踩去。大米看了几天，可能是激发了她以前的记忆，也跟着对妈妈踩起来，大概是渐渐地承认了妈妈的身份。

更深切地体会到母职的含义，则是在米米生病（糖尿病）之后，每天要打针，有时还要吃药，要哄着吃饭（打完胰岛素需进食）、哄着不吃饭（血糖高闹着要吃但不能吃）。此外，还有各种突发小状况，如测到血糖低，呕吐没精神，各种皮肤问题，便秘或拉稀等。这时候就要找资讯，求医问药，观察陪伴治疗，切切实实体会到了一把屎一把尿带孩子的辛苦。经过这样一个过程，米米终于彻底变成了我的小孩。

现在每天一早醒过来，如果没有看见她，我就赶紧喊，宝宝、宝宝在哪里？每晚睡觉时，也会给她留一个位置，让她蜷着小身子睡在我肚子旁边。有一天，我还忽然意识到，自己带孩子的一些做法，似乎来自小时候本已淡忘的记忆。比如那时父亲在城里上班，我们住在乡下，他每周回来一次，那天会带着我和姐姐睡，给我们讲睡前故事。我被遗传了这个习惯，每天晚上都喊，宝宝、宝宝，过来听故事了。遗憾的是米宝宝跟人类宝宝不一样，她的两只耳朵一听到妈妈要讲故事，都耷拉下来（不爱听），有时更转身要跑。

笔者的调研发现，在普通猫家长和糖猫家长中，似乎后者与毛孩子建立亲子关系的情况更多，而前者中将猫视为同伴、室友的更多。例如在我对糖猫家长进行的问卷调研中，有83.33%的人都认同自己是猫妈妈。在糖猫群里，许多人的备注会直接就写上儿子、女儿，在讨论中，也是一口一个"我儿子""我女儿"的说，如果不熟悉语境，很可能看一会一头雾水，不知道大家在讲什么。

笔者随机在糖猫群里面摘录一些：

① 我女儿以前生病不吃饭，我就是这样揉罐头球来塞，很方便。

② 袋鼠肉罐头吗？袋鼠我女儿吃，儿子闻都不闻。

③ 现在也不确定是不是我女儿不爱吃，故意放到猫抓板里面的。

④ 看我女儿，就喜欢黏着我，咬我，哈哈哈哈！

⑤ 我这个猫儿子，晚上绝对不叫，早上我儿子起床后，他才去缠着弟弟，弟弟会开罐头给哥哥吃。

以上提到的"我女儿""我儿子"，基本都是猫孩子，仔细看就能分辨出来。第一个说的揉罐头球，是把猫罐头揉成小球，塞到猫咪嘴巴里面。第二个说的袋鼠，是进口的袋鼠肉罐头，有的猫（女儿）爱吃，有的猫（儿子）不吃。第三个说的是猫把食物放到猫抓板里，因此怀疑它不爱吃这个。第四个的女儿会咬人，自然也是猫宝宝。第五个给猫儿子前面注上了"猫"，大概是因为这段话中既有猫孩子，也有人孩子，要做一个区分，说话人不但自认是猫妈妈，还给猫和儿子建构起了一个哥哥和弟弟的关系，猫儿子的弟弟是个人孩子，所以才要弟弟给它开罐头吃。

人宠关系的建构也受到传统性别规范的影响，比如男性更少认同自己是猫爸爸（因为他们更少参与日常照料），更不太可能认同为猫妈妈，只有一个受访者是例外，不过这位男性本身具有跨性别气质，在日常生活中不时被认作女性，所以他认同为猫妈妈也不奇怪。在糖猫界，糖猫爸爸的身份更像是糖猫妈妈身份的衍生，而不是他们的自认。不过，笔者也访谈到一位认同糖猫爸爸身份的年轻男性："患病三年，告别夜生活的猫爸爸独自抚养……我个人的话，完全认同糖猫爸爸的身份，这三年照顾糖猫，工作、生活已经很和谐，达到了一种平衡。"

大多数时候，我们跟毛孩子建立的家人关系是自己选择的，但有时也受限于最早跟毛孩子建立关系的家人。例如阿灿的家长认为自己可能是毛孩子的外婆，因为女儿已将阿灿认作儿子："论辈分，因为我女儿将阿灿视为儿子，所以我处于外婆层级，在照顾的时候更有隔代亲的切实感受。"糖猫俏俏的家长认为自己是俏俏的姐姐，因为这是自己母亲所收养的猫咪："我们更多是陪伴者和守护者的关系。它是我妈妈捡来的，所以我自称为姐姐。"

而即使认同为同一种关系，人宠的相处模式也往往存在差异。例如王泡小泡认同自己是王阿美的妈妈，但他并不需要一把屎一把尿地带阿美，因为阿美是成年后收养的，是个成熟的女儿，甚至是家里的女主人："我是把王阿美当女儿……捡她的时候她是怀孕的，很快就生了小猫，我没经历她自己小时候的成长，所以会觉得她是个成熟的女儿，很贴心，不觉得她是孩子，觉得我们是平等的，可以聊天和交流的那种。我总觉得她是这个家里的女主人，就有种很奇怪的感觉，每次我回到家，看到她坐在门口，在等着我回来，就会觉得很安心，很有安全感。"

对于猫咪的家人身份，被动地成为猫咪亲人的家人，接受度各有不同。喜欢猫的接受起来相对容易，可能还很愉快，例如糖猫群有人说："我的老父亲非常开心地说，按辈分猫得叫他外公。"而像笔者母亲这样不太喜欢猫的，接受起来就比较困难。笔者经常对自己母亲说她是大米小米的外婆，但当笔者姐姐生了孩子，笔者母亲会抱着小外甥来对笔者说，这个才是宝宝，才应该喊我做外婆呢！笔者明白，她是用这种方式迂回地抵抗那个猫外婆的身份。不过在笔者的长期坚持下，她最后还是妥协了，有次还给大米小米各自做了两身小衣服：小毛衣＋小棉袄，从老家寄来，说冬天到了让大米小米多穿点。

更有趣的是，跟毛孩子建立起来的家人关系，有时可以流动。比如糖猫群里大多视毛孩子为自己的小孩，忽然一个群友说猫是她的爸爸，我很惊讶，问是怎么回事，她解释说："就是它能好好配合我吃饭打针，我叫它爸爸都行。哈哈哈，开玩笑。"这是一个玩笑，但好像也不全是玩笑。我想起来，有次过年的时候，米米在猫窝睡觉，我情不自禁地对着那个猫窝趴下去，给米米磕了一个头，当时心里的想法就与此类似，只要她好好吃饭、打针，能控制住血糖，就是我的小祖宗。所以，人家过年是给祖宗磕头、给家里长辈磕头，我却在给一个猫孩子磕头，说起来很好笑，同时又让人心酸。笔者在微博讲了这个故事，有人回复说，人也有这种情况："我急了会喊儿子'啊哆'（苏州话是爷爷的意思）。譬如，这个啊哆到国庆第7天晚上发现有一套卷子还没做。"看来，家庭中的人人关系也会暂时发生改变。不过比较起来，人宠之间的关系应该更灵活些。

家庭里的人宠关系，往往是人人关系的反映。在那些比较传统的家庭中，宠物猫往往跟女主人、孩子更亲近，而远离那个不苟言笑的男主人："我们家猫咪在我和孩子回家，他会在门口等我们，孩子爸爸回家他是躲得远远的。"从群里讨论来看，得不到毛孩子认可的男主人不在少数，因为话题一出，马上就有人响应："动物都是通人性的，我家猫见我老公就咬，一点也不承认。"更糟糕的是，有暴力倾向的男主人还可能虐待宠物。兽医张旭曾在微博上分享过一个案例："刚才送来急救的两岁泰迪。仔细检查后发现低温气胸，右侧肋骨断裂两根。女主人表示狗狗和她老公一整天待在家里没有出去过……然后刚才狗狗抢救无效死亡……女主人说要离婚。"由于目前没有禁止虐待伴侣动物的法律，女主人很难为宠物讨公道，只能自己选择离婚。目前有专家学者呼吁把虐待宠物视为家暴，但这主要是考虑到宠物主人因此受到的精神伤害，而忽略了宠物的主体地位。

当然，好的猫爸爸也是有的，他们可以分担一些照护责任。例如有位猫妈妈说自己的毛孩子："昨晚又有膀胱炎症状了……像个小孩，自己尿不爽很焦虑，一直换位置，换姿势挤尿，他爸爸陪着他。"在肥牛妈妈的讲述中,我们还看到她的伴侣林先生为了猫咪,不但克服了自己的过敏性鼻炎,还一起想办法一个不少地把几十只猫咪带到台湾。平时,他会跟妻子一起熬夜给猫咪准备食物,当猫咪生病时,他们又一起连夜开车4个小时去台北就医。遗憾的是这样的男性家长太少,通常情况下,猫爸爸只要愿意提供经济上的支持,就已经让猫妈妈感激不尽了,因为有的人还一毛不拔,让妈妈独自承担养猫的费用。显然,在这种男家长的眼中,宠物猫并不是家人,而是家庭的一个负担。

我们跟宠物之间建立起来的亲密关系,往往是我们自己想要获得,或者说所缺失的关系。因此,跟宠物的关系有助于我们去理解与其他亲人之间的问题,进而改善彼此的关系。例如有一位糖猫妈妈,以前跟父亲关系很不好,后来自己养的猫得了糖尿病,看见猫猫的痛苦,她对父亲有了更深的理解,因此打开了一些心结:"父亲在世时,几乎没笑过,经常莫名其妙发火打我,我一辈子都活在恐惧中。后来我长大了,才知道是他糖尿病又不肯治疗 ① 才导致的,也稍微能理解他一点了。小时候一直以为是自己不够好,长大了知道是他生病才这样的,释怀了许多。"

饭饭本来不喜欢猫,现在也想养猫。她说自己态度的转折始于一次心理咨询,当时正在跟咨询师视频,镜头前突然出现一只猫,几次之后她很生气,质问咨询师:"为什么把猫放进来打扰?"

---

① 男性的讳疾忌医是常见问题,这跟男性气质有关,他们不愿展现自己脆弱的一面。

对方解释说猫一直在挠门。她更生气了，认为对方不把自己当回事，继续质问为什么不能把猫关到厕所。直到听到对方的回复："我听见你说，一只猫凭什么可以这样肆意妄为而不受任何惩罚？"饭饭瞬间哭成泪人："我意识到，我在嫉妒一只猫。她的猫什么都不用做，就可以赢得她无限的宠爱和包容，而这是我曾经非常想要而得不到的东西。"她因此意识到自己对这只猫的不满，源于从小没能在家中得到这样的包容。

饭饭回顾自己的成长经历，意识到大人和小孩之间的不平等："我以为的人际关系和情感关系运行规则是我在成长的过程中潜移默化学到的，所谓的正确行为应该被奖励，而所谓的错误行为应该受惩罚，以此来塑造一个所谓懂事的孩子，这个正确与错误的规则以大人的方便和心情而定，无形中构建了一个不平等的权力关系。没有人尊重小孩子和小动物的认知特点，大人不关心你真正的需求是什么，也不理解小孩子小动物只是在用他们的方式来表达自己的需求，而是非常粗暴地惩罚他们所谓的捣乱。从那以后，我对小动物和小孩子都有了更多包容，愿意去好好照顾他们。我看到他们活泼健康地成长，似乎也感觉到，如果我遇到像我这样的大人，小孩子的我就能得到很多的爱和很好的照顾吧！我的内心创伤被我自己对小孩子和小动物温暖包容的付出所治愈。"

类似的情况在猫家长中并不少见，许多人都在跟猫组建的跨物种（多物种）家庭中，感受到了原生家庭未能给予的温暖，从而自身变得更包容、更平和。确实，原生家庭的负面情况会长期给人带来消极影响，但一些人的经历也充分说明，一个心理受过创伤的孩子在长大以后，有能力反思自己的成长经历，并有办法通过自己的努力（包括跟原生家庭改善关系、自建新家庭等），来对自己进行补偿，获得一种治愈的效果。人宠家庭常有这样的积极效应，这可算是宠物对人类家庭的积极贡献之一。

最新研究表明，动物可以体验各种各样的情感，表现各种道德行为，包括移情、信任、利他、互惠和公平意识等。动物之间也存在合作和利他的行为，[①] 有研究表明同一家人的狗和猫可以发展出友谊，一起吃睡，经常相互打招呼和接触，面临外在威胁的时候相互保护。它们也喜欢一起玩耍。[②] 在笔者访谈的猫主人中，不少人家里是猫狗俱全，王泡小泡家的猫狗就是合作伙伴："家里有猫有狗，我会发现，有时候，猫会狗化，狗也会猫化。我家里的猫和狗，大部分时间，都是守在我旁边，很安静。偶尔会打闹，关系很好。如果有朋友带着家里的狗或是猫来家里做客，他们会联合起来，一致对外。有一次，朋友要出差，想把家里的狗送来养几天。当天晚上送来，我家的狗去咬他，猫去挠他，没办法，朋友只能把狗带走了。反正，他们挺默契的，不允许家里再来新的猫狗，这个家，只属于他们两个。"

多猫家庭涉及宠物之间的关系，有合作，也有矛盾。肥牛

① ［加拿大］休·唐纳森、威尔·金里卡：《动物社群：政治性的动物权利论》，广西师范大学出版社 2022 年版，第 153 页。
② 同上书，第 156 页。

妈妈家有24只猫，分成不同的派别，有时闹起来需要大人干预："偶尔会干架！他们也有群体，我家分为两个群体，其中一个胆小组合在我女儿房间，四个女孩。因为她们很容易被大群体欺负，所以我把她们隔开。大群体内也有小纷争，骂几句就会熄火了。"徐枣枣家也有几只猫闹矛盾，她跟朋友一起建立过"猫咪尿床问题讨论小组"，"就猫咪的安全感、被其他猫霸凌等问题做过很深入的讨论，寻找答案"。即使只有两只毛孩子，也可能发生冲突，笔者家中的大米就很敏感，在小米刚来的时候，情绪爆发了，两只打来打去，差不多半个月才逐渐和解。后来查看一些文献，我才知道当时的处理方式不对，总是抱着小米去劝大米："妹妹还小，你不要打妹妹了！"这种做法是错误的，家里来了新的毛孩子，为了让原来的毛孩子安心，应该更多去安抚她，让她知道妈妈一如既往地爱着自己，这样她才会放松下来，接纳新来的小猫。

猫咪和人类的小孩，有时也会发生问题。对猫咪而言，人类小孩也可能是入侵者，要让它理解这个新来的小伙伴不会对自己构成威胁，家长需要付出更多的努力。对小孩来说，由于父母对猫咪的态度跟对自己不同，他们也可能因此产生失落感。如在在是这样谈及自己跟儿子的沟通："我儿子有时候嫉妒猫咪，因为他犯了错会受到惩罚，猫犯了错不会被惩罚。这时候我会告诉他，猫的生命周期很短，只有短短十几年，我们完全可以照顾它一生一世，但是小孩不行，小孩长大以后要靠自己，父母不能永远庇护，所以需要他学本领，不能凡事随心所欲。我想，在这个过程中，对于培养孩子的爱心、责任心，明白自己的人生路要靠自己走，会有一点帮助吧。"不过，如段义孚所言，"在与玩具和小动物不平等的关系中，儿童能够发展保护和养育的感觉——这些感觉中交织着他的高人一等和权力意识"①，这可能也是家长需要反思和注意的地方。

很多时候，宠物跟孩子一样，进入家庭后会给人带来快乐；但如果家庭本身存在问题，也可能造成负面影响。一些研究人员报告说，与动物互动会产生积极影响，但其他研究人员发现，宠物主人的健康和幸福感并不比非宠物主人好，在某些情况下甚至更差。为什么会有如此矛盾的结果呢？研究者认为这说明普遍存在的积极"宠物效应"目前还不是事实，而是一个未经证实的假设。② 有人分析 1990—2007 年间发表的关于人宠同居效益的研究，发现其中 19 个研究支持"宠物对人类确实有益处"的假设，但有10 个研究认为宠物不但对人类无益，甚至有损人身心健康。③ 笔者认为，宠物对人类家庭的积极效应是存在的，但前提是主人（及家里其他人）能够跟宠物建立良好的关系，而且宠物之间（如果有多个宠物）也能和谐相处，这对主人而言是一个不小的挑战，

---

① ［美］段义孚：《制造宠物：支配与感情》，赵世玲译，光启书局 2022 年版，第 275 页。
② Harold Herzog, "The Impact of Pets on Human Health and Psychological Well-Being: Fact, Fiction, or Hypothesis?" *Current Directions in Psychological Science*, Vol. 20, No. 4, 2011.
③ ［美］哈尔·赫尔佐格：《为什么狗是宠物猪是食物？》，李奥森译，海南出版社 2019 年版，第 82 页。

同时也是一个拓展新型亲密关系的机遇。

三、宠物的家人待遇：不离不弃

中国人是怎么定义家人的呢？从一些习语中可见一斑，比如"一家人就是要整整齐齐"，强调一家人应该待在一起，不要分开。《红楼梦》中的香菱学诗，写了几首咏月的诗都得不到老师林黛玉的认可，她一心苦吟，终于梦中得了一首，众人看后赞叹不已。这首诗之所以好，是因为写出了她的心声，如最后一句："博得嫦娥应自问，缘何不使永团圆。"月圆比喻家人团聚，中国人最重视一家人的团圆，香菱自幼被拐卖，自然更觉家人的可贵。如今，在各种为宠物找领养的帖子里，常常会提到要求领养人将猫咪视为家人。什么是家人，最基本的一个要求就是不离不弃，类似这种说法："寻找收养家庭，要求：终生照顾，不弃养，不转送。科学喂养，有病就医，像家人一样关心照顾他！"

宠物不是玩物，既然收养在家中，就要为它负责。糖猫群的一个猫友曾这样吐槽："我家两只流浪橘猫捡到时只有20多天大，是老公和小孩在车库发现的，捡回来就不管了，一个上学，一个出差，我就质问我老公要么不捡，捡了就要负责。我老公说20多天怎么可能养得活，捡它是为了给孩子上一趟生命之课，让她知道生命是如此脆弱。总之，把我气得够呛。最后连我老公都惊讶，我居然一把屎一把尿（把它们）拉扯大，甚至还为它们拉肚子住院输液去花钱。"这里是谁真正把宠物当成家人，而不是一个教学道具，是不言而喻的。

　　不过，宠物权益的保障不能只靠家长的责任心，还需要整个社会的承认。如果把问题都推给宠物主人，也不现实。比如，家长为宠物看病（这可是大事）往往很难请到假，兽医老尹曾在微博说过这个问题："患者家属经常跟我抱怨家里的猫狗病了，在单位请假时领导和同事都不理解。确实不养动物的人很难理解咱们的心情。以我认为，拿咱们对它们的感情来说，可以说是儿子女儿弟弟妹妹病了。在这个开放的年代，谁也没有规定没结婚就不能有儿子，自己没生过就不能有女儿，不是一个妈生的就不能叫弟弟吧。看他批不批假。"当然这只是权宜之计，最关键的还是社会对宠物权益要提升认识，在制度上要有所改进。

　　笔者所在的单位比较人性化，平时不坐班，请假相对容易。给米米看病、护理要请假，一般都会批准。但不是每个人都有这样的好运，糖猫群的一个猫友就提到，现在她请假越来越困难了："我们原来领导挺好的、家里有狗，我为了猫狗请假他们都能同意，换了新领导使劲抓考勤，烦死了。"

　　在宠物领养规则中，要求有病就医是一个重要内容，然而宠物就医不仅请假难，费用往往还很高昂，家境一般的主人可能不堪重负。现在有些宠物医院比人看病的医院还贵，同样的药物在宠物医院价格翻倍甚至几倍都常见，住院、治疗的费用就更高了。比如米米每次住院，都要花上万元，且上不封顶。如果猫咪病情复杂，需要长期治疗，收入不高的群体可能难以承受，尤其在收入不那么稳定时。我们经常谴责那些遗弃宠物、不给宠物看病的行为，但同时也应该看到有时并不全是主人缺乏责任心，经济负担过重、缺乏保障也是重要原因。

由于医疗费用高昂，宠物主人对宠物医疗保险的需求很高，目前市场上也出现了一些宠物保险品种，但总体来看数量太少，而且有许多限制，如超过10岁不能投保，生过病的不能投保等，有些没有任何原因，只是未对全量用户开放，就不给办理。报销的时候，也会出现各种问题。比如要求定点医院，但猫主人感觉不便，"小病我都在我家门口医院，近，探视也方便，那个还不是定点"；报销有金额限制，如某个病最多能报多少，单次最高多少等。一些家长用下来感觉性价比不高，就放弃了。有的家长把猫咪生病列了家庭的重要预算，例如有位猫妈每月存入3000元，作为猫咪看病专用基金。不过，不管是买保险，还是自己存钱，这么做的前提都是猫主人的收入稳定且比较丰厚。

难以做到对宠物不离不弃涉及的另一个问题是流动，城市人（尤其年轻人）的流动性较大。即使只在本市流动，也可能面临一时找不到房子的困境。例如猫神乐的家长跟房东的沟通就曾遇到麻烦："房东是一对年逾70岁的老人，他们对养宠物比较忌讳。第一是他们本身相当爱整洁。我们在看房的时候甚至以为这套房是装修好后没有入住的房子（他们已经住了接近十年），老人对家具的爱护可想而知。第二是他们还打算搬回来住。一提到养猫，他们是一口回绝的，后来经过磋商，将季付的房租变为半年一付，他们才勉强同意。"搬进去后，猫家长才发现，因为第一次养猫经验不足，低估了猫咪的战斗能力，看到被毁坏的家具，他们忍不住担忧："想来将来退房的时候免不了要赔一笔不小的费用。"

如果是要移居到其他城市乃至境外，猫咪的安置就更是一个艰巨的任务。宠物托运机构的报价动辄上万，且还要承担不可知的风险，宠物运输中出现意外导致死亡的报道不时见诸媒体，这让家长们惴惴不安。目前，大多数航班不能在舱内自带宠物，宠物需要放在行李舱，这就可能导致应激。少数航班允许在舱内自带宠物，但限制较多。如海南航空宣称旅客可携带宠物进入经济舱，但宠物箱和宠物的合计重量不能超过 5 公斤，宠物全程需穿戴宠物衣物和宠物纸尿裤并佩戴宠物口罩等。笔者了解到有家庭为把几十只猫带到境外，花费了数十万元，这是普通家庭难以承受的。除了金钱，还要花费时间和精力，有去日本留学的人写如何带猫的攻略，提出至少要有半年准备时间，用来办理各种手续。

主人离境往往导致人宠永久分离。在加拿大留学的饭饭说，留学生回国是导致宠物被遗弃的重要原因。与主人分离、更换居住环境对宠物可能造成创伤，给它们留下心理阴影。例如大头就是一只被迫跟主人分离了两次的小猫："大头今年三岁，年纪不大，已经经历了两次生活环境的变化。第一次是它得了尿结石，铲屎的在宠物医院遗弃了它，后来医院找到我们的朋友蘑菇接手。蘑菇领养后，大头和它的小伙伴十一、袜子一起生活了两年，之后蘑菇就搬去了北欧。我是它的第三个铲屎官。"

可能因为这样的经历，大头是一只非常敏感的小猫，一旦跟主人分开，就会有异常表现：

8月底的时候，我们出去露营，把大头寄放在朋友家，去的路上大头在猫包里应激很严重，后来接它回来的路上，我便把大头放了出来，大头在车里走了两圈，趴在驾驶座中间扒着我的胳膊睡着了。回家后，大头很没有安全感，跑到床上和我一起睡，平时相处也表现得比之前更怂更胆小。

十一的时候，大头一只猫在家待了4天，猫粮全吃完了，整只猫还胖了一圈。可能是太久没见到我们，那段时间大头表现得很矛盾，有时候躲着，有时候出来蹭一蹭人。它躲着，我们就尊重它的私猫空间；它出来，我们就陪它玩。但大头到现在都没有恢复到十一前很爱蹭着我们睡觉的样子。

当人类家庭发生变化如解体时，宠物的处置是一个难题。宠物权益相对完善的那些国家，试图通过法律来解决这个问题。2022年1月，媒体报道称，西班牙首次承认宠物不是物品，这意味着西班牙的宠物成为合法家庭成员。西班牙此项司法改革源于一家动物保护组织在2015年发起的一项立法倡议，该倡议收集到超过50万个签名的支持，目的是提升宠物在西班牙法律上的地位。新法律强调，夫妻在离婚或分居时需要考虑宠物的福利问题，主人必须保证宠物的健康，配偶任何一方如果存在虐待动物的行为，将丧失对宠物的监护权。

在国内，关于动物（宠物）权益的法律还没有，但司法实践走在了前面。2021 年，媒体报道了江苏南通的一起离婚案例，夫妻两人吵架后，丈夫王某起诉要求离婚并分割共同财产。庭审中，两人均同意离婚，并对房产处置达成共识，唯独的分歧是争抢一条拉布拉多宠物狗。法院依据宠物狗是王某购买、平时王某照料较多等因素综合考量，经调解，宠物狗最终归王某饲养，妻子可适时探望。

2022 年，媒体又报道了一起类似案例。浙江衢州柯城区人民法院审理一起离婚案，徐某与前夫李某共同养了一条柯基犬，徐某说狗是自己买的，吃喝拉撒主要由她照料，感情深厚，李某则称经常陪狗遛弯，已当成家人。法院认为，宠物虽然属双方共同所有财产，但更多是心灵寄托，与其他财产有本质区别。最后经法官调解达成协议，狗归徐某所有，李某每月支付照看费用，医疗费双方各承担一半，只要提前联系，李某都可前去探望。

从以上两个案例可以看出，现行法律中宠物仍被视为家庭财产，但法官已经意识到它跟其他家庭财产的差异，即它对主人的特殊意义，因而难以将其视为财产那样进行分割。在司法实践中，法官参照了儿童抚养权、国外关于宠物的判例进行考量，如家中谁照料较多，就判给谁抚养，另一方保有探视权。当然，这是在双方都想要毛孩子的情况下，保障的是宠物主人的权益，而不是宠物自身的权益。

如何保障宠物在家中的权益（如有食物、能就医、不被虐待、不被遗弃），是一个重要议题。在国外，一项对以色列家庭的研究发现，宠物与小孩子一样，被视为家庭中充满爱和爱意的成员，但与此同时，许多人与动物之间的情感无法持久，当生活发生变化和出现意外，导致对人与动物的爱构成某种障碍时，人类可能会重新考虑或终止这种爱。因此，宠物被视为一种情感类的商品，它们被爱着，逐渐融入了人类生活，但随时可能被贬低，甚至不得不离开人类的家庭。[①]

派读宠物行业大数据平台制作的《2021 年中国宠物行业白皮书》显示，宠物主人的特征有学历高、收入高、年龄低、宠龄低。艾媒咨询（iiMedia Research）发布的 2022 年 5 月调研数据也显示宠物行业消费者中 70.4% 的人是中高收入者（月入 5 000 元—15 000 元），其中女性占比 62.3%。尽管养宠者的经济基础较好，但是我们也看到，他们多数比较年轻，养宠时间短，以女性居多，这预示着他们有更多流动性，原因如工作变动、进入婚姻、开始生育等，这时候宠物可能会成为新生活的阻碍。如何给养宠者提供更多资源，让他们能够继续保有宠物和让宠物不至于流离失所，是迫切需要提上日程的议题。

[①] Dafna Shir-Vertesh, "'Flexible Personhood': Loving Animals as Family Members in Israel", *American Anthropologist*, Vol. 114, No. 3, 2012.

第三节 不婚不育去养猫？

当下社会的一个重要变化是，个人尤其女性的单身状态在延长。民政部的数据显示，单身的人越来越多了，2018 年中国单身成年人口已经高达 2.4 亿，其中超过 7 700 万成年人都是独居状态。以前对多数人来说，单身只是一个暂时性的概念，即成年之后到结婚之间的这一段时间，通常比较短暂。然而，随着结婚年龄的一再延迟，这个时间段逐渐变长，单身人群的比例日益增加，这种趋势在大城市尤其明显。

2022 年，由梁建章、任泽平联合多位学者设立的育娲人口研究机构发布的《中国婚姻家庭报告 2022 版》显示，我国结婚率从 2000 年的 6.7‰ 上升到 2013 年的 9.9‰ 后就逐年下降，2020 年结婚率下降到 5.8‰；而离婚率则从 2000 年的 0.96‰ 上升到 2020 年的 3.1‰。2013 年我国结婚登记为 1 346.93 万对，2021 年下降到 763.6 万对，且连续 8 年下降，预计未来仍将呈下降态势。此外，多地初婚平均年龄普遍推迟，多地区的初婚平均年龄突破了 30 岁，如 2021 年安徽省初婚平均年龄分别为男 31.89 岁，女 30.73 岁。

女性单身时间的延长，对生育率有很大影响。全国第七次人口普查显示，2020 年我国总和生育率为 1.3，而国际上通常认为总和生育率降至 1.5 以下就有跌入"低生育率陷阱"的可能。由于女性持续推迟婚育年龄，一孩总和生育率自 2012 年以来就大幅下降。2020年，上海市户籍人口女性的平均初育年龄已迟至30.73岁，比2019年上升了0.44岁。不少调查发现上海市民的生育意愿低，如2020年9月市妇联、市妇儿工委办开展的"家庭生育行为影响因素及政策支持研究"发现，当前上海市育龄家庭的生育意愿和生育水平较低迷，家庭平均生育意愿为1.3个孩子，仅三成家庭希望生2个及以上孩子。

那么，推迟结婚和生育与养宠物有什么关联呢？日本与中国的文化相近，可作为参考。发表在日经中文网的《宠物看日本（上）猫狗数超儿童》中提到，日本是一个爱好宠物的国家，据日本宠物食品协会2018年的推算，日本的宠物猫狗已总计达到1 855.2万只，甚至超过了该国15岁以下儿童的数量，大有宁养猫狗不育人的趋势。日本一般社团法人宠物食品协会曾公布一项关于日本人饲养猫狗情况调查，样本为5万名20—70岁的日本居民。结果发现，日本人养狗的数量逐年下降，从2015年起，宠物猫的数量已和宠物狗基本持平，并有超过狗的趋势。日本人在宠物偏好上的变化，正好迎合了日本结婚率和生育率的变化。目前，日本人普遍在推迟结婚年龄，即使步入婚姻，许多年轻夫妇也选择不生或晚生，因此生育率连年下降，2015年的人口调查显示全国总人口负增长。与此相似，如前所述，中国的结婚率和生育率也一直在下降。据2015年人口调查数据计算，中国育龄妇女的总和生育率为1.05，这个数据甚至还低于日本，而粗结婚率也在连年下滑后接近9‰。由此可见，结婚率和生育率下降与宠物尤其是宠物猫的数量增加可能有某种关系。

由于生育形势的严峻，近年来国内婚育问题渐成焦点，随之而起的是对宠物（尤其宠物猫）与婚育之间关系的研究兴趣。一些调研数据显示，单身人群中养猫的比例较高。例如《2021年中国宠物行业白皮书》中提到，"95"后已成为"喵星人"崛起的强引擎，据统计在养猫人群中有近35%为单身或独居的高线城市未婚青年。那么，越来越多的青年人开始养猫，跟他们推迟结婚和倾向于不生育是否有一定关联呢？换言之，养猫是否会影响青年的婚育意愿？

有人认为这种关联并非因果关系，而是同一原因的不同表现。例如，熊英宏、苗艺潇在"严肃的人口学八卦组"公众号发表的《这届年轻人养猫能代替生孩子吗？》中，认为城市"离巢青年"[①]正逐渐成为养猫热潮中的主体，在日常与猫的互动中获得乐趣与满足感，并将一部分对陪伴的渴望寄托在宠物上。那么，养猫能否看作生育的替代呢？他们在访谈了一些养猫青年后认为，这二者之间存在本质上的差别，养猫与育儿不能混为一谈，与其说养猫与生育之间存在替代关系，不如说养猫是"离巢青年"关注自我的一种表现。青年生育意愿大幅降低，很大程度上是因为青年群体更加关注自我实现，而非将自我价值的实现寄托在生育上。因此，养猫与自由地选择生育是当代青年关注自我的不同表达方式。

---

① 文中解释为离开父母的原生家庭，但尚未组建自己的新生家庭，在异地独自生活居住的青年。

另一项研究关注宠物在中国城市未婚女性生活中的作用，利用跨物种城市理论对主要从广州收集到的一些访谈数据进行分析，得出结论。首先，伴侣动物已成为某种社会阶层的象征，同时也是城市未婚女性摆脱工作、生活压力的安全避难所。其次，随着中国职业女性与伴侣动物建立起积极的亲密关系，她们越来越背弃传统的婚姻和家庭。大多数受访者明确质疑浪漫、婚姻和养育子女的传统叙事，把自己的职业成就视为未来的目标，而不把作为妻子和母亲的受欢迎程度作为衡量自我价值的核心标准。与男性伴侣不同，动物伴侣可以为她们提供陪伴，但不会影响到她们的职业规划和人生理想。这些中国的"新女性"越来越不依赖男性在经济和情感上的支持，而更喜欢自己的宠物。①

笔者以为，以上研究可解读一部分青年人养猫的情况，但要由此得出普遍性结论，可能存在问题。比如认为养猫和生育有本质区别，养猫是关注自我的一种表现，但在猫咪主人的叙事中，笔者经常发现认为养猫和育儿不能混为一谈与认为猫咪是自己小孩的陈述交替出现、互为补充。例如乔依林提到，"现实一点讲，我觉得对比小孩子来说她们实在是太容易照顾了，我可以出门上班，不用担心她们自己会有什么问题。在家的时候也可以做自己的事情，虽然不总是可以按照自己期待的一样集中精力"，但同时她又说，"我应

① Chris KK Tan, Tingting Liu, and Xiaojun Gao,"Becoming 'Pet Slaves' in Urban China: Transspecies Urban Theory, Single Professional Women and Their Companion Animals", *Urban Studies*, Volume 58, Issue 16, 2021.

该是把春华秋实当成自己的孩子了吧，我带她们去宠物医院做绝育的时候，还给她俩冠上了我的姓，天天在家对她们讲话也是以妈妈自称。刚领养的时候，她们俩跟我一起待在卧室里，每天半夜3点准时开始踩奶，趴在我耳边叫我起来陪她们玩，搞得我都神经衰弱了，感觉跟刚生了孩子要半夜起来喂奶哄睡一样"。

从养育的角度来看，猫咪在比较健康的情况下，抚养起来相对容易，这时猫与人的关系更像是一个同伴，所以有人会把自己跟猫咪的关系认为是室友、朋友。然而，一旦猫咪生病（多为步入老年时），吃喝拉撒要人照护，猫就变成一个孩子的角色了。糖猫群里的妈妈中，猫咪血糖不稳定时，晚上每隔1—2个小时就要爬起来测血糖、视情况喂饭的大有人在，跟照顾吃奶的婴儿类似。有人为此自嘲："以为逃过养孩子，结果……说明有些付出，逃是逃不掉的。"在讨论中，大家公认能照顾好糖猫的人，养孩子肯定没问题。这些表述大多表达了一个意思，即养猫至少在某些情况下，与养孩子是差不多的一种体验。

至于说中国新女性借着与伴侣动物建立起的亲密关系，越来越背弃传统的婚姻和家庭，在笔者的访谈和观察中，也发现有这类现象，但这种背弃有时更像是一种象征。如徐枣枣提到她的许多女性朋友养猫"是因为终于毕业、离开父母生活，养只猫几乎是独立生活的宣告仪式"，但同时也指出，"有人认为养猫不生娃，是在反抗主流文化，但我觉得这是一体两面的。有时候太精细的养猫方式，很容易陷入消费陷阱中，顺应了鼓励物质消费、放弃社会参与的期望"。笔者认为，养猫未必就背弃了传统的婚姻和家庭，一方面它仍可能只是一个有限的过渡期，许多养猫的女性一样会结婚生育。更关键的，养猫作为一种都市女性的生活方式，可能落入消费主义的陷阱，从而限制了女性的社会参与，与传统家庭有异曲同工之妙。此外，认为宠物可为主人提供陪伴，但不会影响到其职业规划，这是一种过于理想化的假设。笔者所认识的猫主人中，就有为护理猫咪（猫咪患病，家中老母无力独自照护），毅然放弃留学，回国照顾猫咪，这对于其事业发展无疑有较大影响。

如前所述，养猫热度在国内方兴未艾，是一种比较新潮或时尚的行为，许多养猫者在此期间加入进来，养猫的时间不长。相应之下，有关研究也处于初期阶段，访谈到的一些养猫时间较短的年轻人，在表述养猫对自身意义的时候，有的可能只是对养猫生活的一种想象。当我们把研究对象扩大到所有养猫者，就可能得到一些不同的解读。例如在西方，那些养猫热潮开始得更早一些的地方，宠物可以成为类似于孩子一样的养育对象吗？一些学者对此的研究给出了肯定的答案。

美国社会学学会有个下属分会"动物与社会"，2019年的年度获奖论文题目就是"它们让我不想要生孩子了"。该文提到，第二次世界大战后美国生育率急剧下降，伴侣动物（如狗、猫）的数量却急剧上升。从1987年到2015年，美国养狗家庭的数量从3 420万户攀升至5 440万户，增长率为39%，养猫的家庭数量更是从2 730万户增加到4 290万户，增加了57%。研究者访谈了20多位养狗女士，想了解养狗和生育的关系。其中2/3的受访者表示，没有孩子是由于教育、职业和时间分配等问题而推迟的，同时强调动物是人类儿童的良好替代品。1/3的受访者认为，养宠物是应对社会和群体压力的好方法，因为社会既要你做母亲，又要你做职业女性。1/2的受访者反复陈述养小狗是"成为母亲的出路"，且超过80%的受访者均认为，养狗与父母照顾人类儿童的方式相似，包括深入的医疗保健护理、情感照顾等。还有女性表示，养狗是比生孩子更好的选择，而且是一个永久性的选择。因此，养宠物的行为能够和生育形成对抗。传统的观点认为，婚姻和家庭非常重要，但现在人们对于婚姻与家庭的理解与以前大不相同，转向强调其中"选择和陪伴"的意义，因而动物作为一种伴侣，能够被接纳为家庭成员，类似于一个真实的孩子。①

类似的研究还有一些，即认为养宠物可以替代养孩子的行为。例如Shelly Volsche认为成为宠物的替代父母可以满足人类进化而来的养育需求，养育宠物与养育孩子相比，还能减少时间、金钱和情感的投入。为进一步了解这种现象，Shelly Volsche通过社交媒体发起在线调查，受访者多为女性（占85%），她们大多对宠物进行了大量的训练，并时常与宠物玩耍。其中那些没有孩子的人

① Andrea Laurent-Simpson, "'They Make Me Not Wanna Have a Child': Effects of Companion Animals on Fertility Intentions of the Childfree", *Sociological Inquiry*, Vol.87, No.4, 2017.

对宠物的依恋程度更高，更多地把宠物视为独立的个体，在提到自身与宠物的关系时，更频繁地使用"父母""孩子""监护人"等用语。总之，这项研究表明养育宠物与养育儿女无异，都是根据同样的进化需求去照顾、教导、爱一个有感情的个体。因此，人类进化可能不是为了生育，而是为了养育，而什么时候、养育何种对象，比许多人认为的要灵活得多。[1]

养宠物的人中，不少人会将宠物拟人化，而这往往跟主人自身的家庭结构有关。国外的一项研究显示，城市人将宠物视为重要的家庭成员，宠物扮演的角色与家庭结构有关，一直单身、离婚、丧偶、再婚的人以及无子女夫妇、新婚夫妇和空巢老人对宠物的依恋程度最高，其中一直单身、离婚、再婚以及没有孩子的人，更可能将宠物拟人化。[2] 这些研究表明，没有孩子的人更容易将宠物拟人化，而宠物也因此在一定程度上成为孩子的替代品。在访谈中，喜洋洋妈说过类似的话："我们是丁克，把他当自己孩子，当作自己家人。"

在笔者的调研中发现，养宠物与婚姻、生育的关系大概是这样的。首先，养宠物可能影响到主人的择偶观。这点比较容易理解，如果宠物是我们无法舍弃的家人，那么我们理想中的伴侣就

---

[1] Shelly Volsche, "Dog and Cat 'Moms' and 'Dads' Really Are Parenting Their Pets", https://www.scientificamerican.com/article/dog-and-cat-moms-and-dads-really-are-parenting-their-pets/, 2021.11.1.

[2] Alexa Albert, Kris Bulcroft, "Pets, Families, and the Life Course", *Journal of Marriage and Family*, Vol. 50, No. 2, 1988.

应该接受并支持这一点，这给寻找伴侣增加了额外的、不可或缺的条件，从而使得可选择的对象范围缩小。例如有网友提到，自己就是因为养猫观念不同，跟前男友分手的："我前男友就是说不要猫，如果要结婚生孩子就叫我扔了，我让我前男友走了的。"徐枣枣也说对于养猫的态度，是她选择伴侣的必要条件："爱猫、能跟猫一起生活，是我择偶标准里很重要的一条。若约会时了解到对方缺乏照顾猫咪的经验，或者不够喜欢小动物，我都会在心中给他减点分。看一位潜在伴侣和猫咪相处的样子，能让你快速了解这个人。比如，如果对方一直强迫猫咪按他的意志行事，这人很可能有控制欲；如果对方对猫咪大呼小叫，他可能有情绪管理方面的问题；如果他对铲屎这事儿表现出格外地嫌弃，大概也没法太主动积极地和你共同承担家务了……"不过，养宠物也可能是个人扩大社交、增加寻找伴侣机会的途径，如乔依林提到的："说来很巧，我伴侣家也有两只猫，我们就是因为聊养猫相识，然后在一起的。"

不过，爱宠物的人更有责任心，这未必成立，因为对宠物的态度受到社会环境、个人成长经历的多元影响，不一定跟人品直接相关，而主要跟人对宠物的认知有关。例如有人提到自己跟同事交流时发现的差异："聊天说上周给猫花了5 000元看病。'一只猫而已，花那么多钱看病啊？'我：'我又没小孩，不给它花钱给你花？'说这话的同事，思想还停留在农村那种散养工具猫的时代。"这就未见得是谁对谁错，但观念对个人如何选择友谊和爱情有重要的影响。当代人往往把关系（尤其亲密关系）的质量放在首位，对伴侣的要求更是宁缺毋滥，要求价值观、兴趣爱好比较契合，这样相处起来才会和谐。

例如肥牛妈妈在谈恋爱时，就明确告诉了对方自己的立场："和林先生在一起前，我和他说：我是一定要养猫的！结婚怀孕也要养的！你要想好，是不是能接受家里都是毛？林先生有过敏性鼻炎，他想都没有想就说：我可以克服！结果没有经过特别治疗，他自动对猫毛免疫了。可能是被我影响，或许就没人能逃脱小猫咪的撒娇暴击，林先生被我同化了，我们小家的萌猫小队日渐壮大！"两人婚后生活相当和谐，后来搬迁至台湾（林先生的老家），斥巨资将 20 多只猫咪一起带了过去。肥牛妈妈描摹当时猫咪到了的情景："猫咪和我们是分开到台湾新家的。我们到了，他们还没到的时候，林先生说：好不习惯，觉得家里好冷清，平时家里很热闹的！那些天，忐忑和牵挂一直揪着我们的心，直到某天晚上，一群喵喵叫的他们睁着大眼睛在航空箱对我撒娇的时候，我们百感交集，忍不住哭了。一个都没有少，真好！"这段文字引发了不少爱猫者的共鸣，有人还声称看哭了。如果不是真心将猫看作家人，是很难付出这么多的。在肥牛妈妈的家里，后来还增加了两个人类宝宝和两只狗宝宝。这也说明养宠不一定和婚育相冲突，如果当事人能在这两件事上达成共识。因此，与其说养宠导致当事人不愿婚育，不如说它在一定程度上会影响到当事人的婚育实践。

其次，养宠跟单身和丁克似乎有一定的关联。笔者访谈和观察到的养猫者中，单身和丁克的人不少。从访谈来看，部分丁克者本来就不想要小孩，但养猫似乎更满足丁克家庭的需求。例如猫咪当家这样说："丁克是我和我老公在结婚时就说好的，那时还没养猫。人一辈子很短，应该为了自己而活。现在，老公负责赚钱养家，我负责花钱养猫。家里也没什么明确的分工，都爱猫……我父母是属于那种思想比较开通的家长，没有要求我们生宝宝，通常是怎样开心就怎样。"emma 的说法与此类似，丁克是本来就决定了的："和养猫没有直接联系，更多的是外因（大环境内卷等）和内因（对于养育孩子这件事缺乏兴趣）共同作用的结果，如果说两者之间有关联，应该就是丁克家庭有更多的时间、精力和情感用在宠物这方面，有孩子的家庭则不一定。"

当然，也有些丁克家庭是在婚后逐渐达成不要孩子的共识的。猫咪方枪枪的麻麻①就借着毛孩子的口，这样讲述了自己丁克的由来：

他们结婚 10 年了，没有要宝宝，听说是丁克……麻麻有时候会看一些视频，我听到的有：关于韩国、日本和国内生育率一再下跌；国内大量的明星、名人不断被爆出离婚，明星不能出轨，一出轨就接着爆出离婚；一部分丁克一族有着全新的婚恋观，他

---

① 即妈妈，网络常用语。

们认为孩子不是维系婚姻的纽带，不是婚姻的保鲜剂，而是占据自己很大一部分时间和精力的"负担"，影响他们追求更高品质的生活……我觉得有些道理，所以麻麻应该是只要我这个毛孩子吧！

麻麻的父母还有她先生的父母过年到家里来，他们询问麻麻打算什么时候要孩子，尤其外婆还说要把我扔了，但是和我相处一段时间后，他们很喜欢我，还说理解了麻麻就是把我当作一个亲人。麻麻32岁那年（如今38岁）和她先生一起看过一部纪录片《生门》后，再也不怎么交流生孩子的事了。麻麻觉得生孩子太辛苦，她先生也发现生孩子原来有这样多突发状况，有生命危险，那就一切都听麻麻的，交给她做决定，不要孩子就不要孩子吧。于是长辈们也不再插手这件事了。

在我们的糖猫群里，多次有网友表示单身和丁克很好，只是这种想法得到原生家庭赞同的并不多，"我想不婚不育，但是家里人催得紧"；"我对象丁克，我也一样，然后这个事没敢跟我妈说"。不过实践下来，很多人发现只要坚持下去，父母的态度最终会改变："我就不婚不育，我妈以前偶尔还说，现在是跟我说还是别找了，没意思。"那些没孩子的网友，也会经常表达现在很开心："没孩子是真的爽！""我没孩子，哈哈哈哈！"

很多时候，养猫并不是因为无法要小孩，而更像是一种偏好。许多养猫女性都坦言，自己本来就不喜欢小孩，更喜欢猫："对猫有耐心，对小孩没有。""他们说喜欢小猫小狗的都喜欢小孩，我看到小孩喜欢不起来，只喜欢猫。"似乎养猫的时间越长，她们对这种偏好越能确定："让我更加坚定以后不生小孩，小孩我可不会这么有耐心。"这种偏好即使在生育小孩后，也不会轻易改变："我现在还是一样，容忍度变高了，但是看见熊孩子还是心里烦，自家孩子犯熊的时候我都烦呢。猫就不一样了，随便折磨我。""结了婚才知道不结婚的自由，千金难换，不结婚我可能还会多两只猫猫。"

在比较养猫和养孩子的利弊时，很多人认为养猫是更好的选择，可以体验到养育的快乐，又不会有养孩子的各种麻烦和问题：

① 养猫真的跟养孩子一样。养了只猫已经体验到了养孩子的感觉了。

② 养猫比养孩子还好一点，也不用担心孩子教育问题。

③ 不用十月怀胎和生产，比较现成。

④ 还不用辅导功课。

⑤ 还不患乳腺炎。

有人可能对此难以理解，怎么会更喜欢猫甚于人类的孩子（尤其是自己的孩子），但笔者对此是有同感的。养猫时间长了，看到猫咪就觉得特别可爱，脑子里面会马上将猫的形象认定为"宝宝"，看到人类的小孩，反而没有这样的感觉，很多时候还想要逃离。笔者认为，养猫并不是导致女性放弃生育的关键原因，认为养猫妨碍生孩子的这种说法，在潜意识中已把孩子放在了更重要的位置，而实际上，不少人还会从生孩子是否有利于养猫的角度来考虑问题，例如："养小孩对宠物不好！""有天看着我家猫，感觉很想生个小朋友给它玩，看那种猫和小朋友一起长大的，觉得很可爱。"

如果婚姻和生育不会妨碍自己养猫，甚至还有所助力，那婚育也就是有价值的。例如当一位网友在群里抱怨："这才结婚10天啊，我就够够的了，怎么看怎么烦！"大家纷纷询问："你老公能帮你伺候猫吗？"在得到肯定答复后，都认为这个婚姻其实很不错。还有人在群里笑谈："我现在就按糖猫寄养费来计算果爹对家庭的价值。一想到一天300元，就觉得还有使用价值，所以你们要充分开发和利用好家属的剩余价值，毕竟这可能也是将来你还保留其家庭席位的唯一动力。"虽然是一句玩笑，但有时候也是大实话。

其实，很多时候并不是养猫阻碍了婚育，而是很多人（多多少少一定程度上迫于家庭和社会的压力）婚育之后，会对养猫造成一些不利影响。例如emma提到有些救助者找领养，不愿意选择那些要结婚生育的人:"很多人会在怀孕后(或者家里有人怀孕后)遗弃自己的宠物,因为担心养宠物对小孩健康有影响,我送养的一只猫就是因为主人怀孕以后被弃养了。即使主人自己不想弃养,也可能因为顶不住家庭压力弃养。所以很多救助人在送养审核的时候,比较看重已婚已育这方面,就是为了规避这种风险。"

第四节　宠物猫与传统性别规范

人类孩子的抚育过程中,由于传统性别规范的影响,母亲往往承担更多的养育责任,从而影响到其事业发展,进一步加剧了性别不平等,使得母职惩罚成为性别与家庭领域的重要议题。关于这方面的研究,多认为母职惩罚的程度非常严重,且惩罚强度还有逐年增加的趋势。例如申超利用1989—2015年的"中国健康与营养调查"(CHNS)数据,研究母职惩罚的强度及影响母职惩罚的各类机制的时间变化趋势,发现生育对女性工资率具有负向影响,且强度不断增大,这使得母职惩罚问题不断加剧;尽管母职惩罚的长期效应低于短期效应,但长期效应随时间的变化正在迅速加剧;教育程度越高的女性母职惩罚越小,但母职惩罚的增长速度越快,而不同教育程度的女性在母职惩罚上的差异正在逐渐缩小。[1]

---

[1]　申超:《扩大的不平等:母职惩罚的演变(1989—2015)》,《社会》2020年第6期。

这就引出了一个问题，抚育孩子会导致母职惩罚，且越演越烈，抚育宠物是否会出现类似的情况呢？笔者在调研中发现，一些女性为了更好地照顾毛孩子，选择了（暂时）放弃学业、工作，有的更是长期放弃全职工作，转向在家做微商，或者干脆成为全职主妇。例如猫咪当家提到，自己因为猫咪需要照顾而辞职："由于家里猫咪身体不好，需要人照顾辞职了，从那时开始，不上班，全心全意照顾他们，同时开始坚持喂小区的流浪猫和做 TNR。之所以自己辞职，没找阿姨、保姆，是因为要自己照顾才放心。对于辞职，我没有后悔，觉得还挺开心的。"当然，这样的选择不一定是被迫，猫咪当家辞职后就没有后悔，反而很开心。她把照顾猫咪当成了自己的事业，而人在做自己喜欢的事情时，总是很愉快。这种情况，称为母职惩罚恐怕未必合适，虽然这个选择确实影响到了她的收入，但我们显然不该从收入多少去评价一个人的事业是否成功、是否有价值。

不过，在访谈和观察中，笔者也发现许多猫妈在照顾猫咪的过程中，付出了太多，处于非常疲惫和焦虑（尤其在猫咪生病时）的状态。而在宠物较多的情况下，即使宠物没有严重的疾病，也会给主人带来很大压力。例如大果子目前有 20 只猫、4 条狗和一些小宠，她在访谈中提到，"除了照顾宠物，我还要工作，每天都安排得很满，长期熬夜，自己会有一些健康问题。家人会帮我分担一些卫生清洁方面的工作，或者一起遛狗。经济上基本是我自己负担，开销不算小。家人对此肯定有意见，而我只能更努力地工作，同时尽量保障宠物的日常健康，它们不生病就能省钱"。为此她开发了宠物食品，因为"养这么多宠物，费用确实比较高，虽然给它们做了专属品牌的宠物粮，成本会相对低一些，但由于我的喂食标准比较高，总体开销还是很多人不太能接受的"。

养猫的辛苦，使得某些女性的事业发展受到阻碍，但我们也看到在某些情况下，成为宠物母亲给她们带来了新的职业方向。例如大果子就考了相关的证书，开发了自己的宠物品牌："想从源头上来保障它们的身体健康，我学了专业的宠物营养师，这有相关的学校，学好后可以考证书。我有一个宠物品牌，以健康的猫狗主食和零食为主，品牌的中文名叫睿觅，意思是：睿享生活，觅见美好；英文名叫 Run To Me，指宠物主人回到家开门的幸福瞬间。"在在也说养猫给她带来了新的机遇："我看到了宠物经济的蓬勃趋势……经过两三个月的市场研究，配方遴选，我决定自己做一款猫粮产品，打造属于自己的品牌，这也算是我试图开启属于自己人生第二曲线的过程。我开发的云之喵 FM（费妈）系列乳铁蛋白猫粮，创意来自养宠和育儿的双重体验，养宠如育儿，费心、费力、费妈。"

两位创业女性有个共同点，都参与过流浪猫救助，大果子一直在"帮一些基地和救助人为流浪动物找新家，其间自己也陆续捡到和救助了一些猫狗，基本养在家里了"，她呼吁"宠物主人要善始善终，领养替代购买，科学喂养，减少弃养，让更多流浪动物回归家庭。也希望更多人在领养时，把猫狗的性格和行为习惯放在第一位，而不是只考虑品种，给田园猫狗多一些进入家庭的机会"。她还表示："商业运营所得的一部分，会给流浪猫狗提供一些帮助。接下来我会做更多跟宠物公益相关的事，如提倡科学养宠。"在在之前"不定期地给芸生流浪猫救助机构捐款，聊表寸心。疫情期间，由于家中存粮很多，每天会给小区流浪猫投喂食物，确保它们度过那段艰难时光"，开发了宠物食品后，她想着"要把商业和公益结合起来，通过商业反哺公益，通过公益促进商业发展，因此在流浪猫救助上，想更多地做一些事情，推进小区流浪猫 TNR 工作"。

女性试图成为完美的母亲，在某种程度上希望能掩饰她们的矛盾心理，这给她们带来了巨大的痛苦。[①] 这种"完美母亲"的陷阱在猫妈妈们中也普遍存在，给她们的生活带来了挑战。尽管有人指出，男性、女性在与宠物建立亲密关系这点上没有太大差异，美国宠物主人的男女性别比例约为 5：5。虽说女人看似比男人更爱宠物，但是实际差异其实相当微小 [②]。而从笔者的观察来看，男性与女性的养猫方式存在较明显的差异，男性养猫倾向于粗略型，女性养猫则相当精细化，在家庭养猫中，男性的助力不多，这跟人类的情况有相似之处。大多数父亲都不在乎正确的育儿方法。

---

① ［美］芭芭拉·阿蒙德：《母爱向左，焦虑向右：母性矛盾心理解析》，何莹译，中国人民大学出版社 2019 年版，第 7 页。
② ［美］哈尔·赫尔佐格：《为什么狗是宠物猪是食物？》，李奥森译，海南出版社 2019 年版，第 129 页。

我们希望他们把事情做好，但并不总是以完美主义的标准要求他们。因此，他们往往能够很轻松地对待孩子养育的问题。①

男性猫主人多不以猫爸爸自居，例如高垒作为一名生理男性，就认为自己是猫咪的兄弟，照料猫咪的过程比较简略："平时我每天给猫厕所铲屎，把水碗里的水换掉，每两三天加一次猫粮，每一两周喂猫一盒罐头。平均一年剃毛一次。"在许多女性养猫人看来，两三天加一次猫粮是不可想象的，猫的食物每天乃至每顿都要更新，因为猫咪不喜欢放太久的食物。不少人为给猫吃上新鲜的食物，会购买可靠的食材亲手制作。冬天到了，为让猫吃上温热的食物，还要购买各种加热小电器。猫砂盆的清洁也是一样，猫用完需要尽快处理，这样才能让猫感到舒适，不至于怕脏而憋屎憋尿，引发疾病。

在访谈中有人指出，女性不一定更擅长（喜欢）照顾宠物，这是因人而异的。例如史老师这样说："周围好几个男同事养猫，从言谈推测也承担了大部分照顾猫的工作。"饭饭也提到，她的男性房东愿意照顾生病的宠物："我觉得取决于是不是真的喜欢猫。比如我房东是男性，他养过两只猫，一只 22 岁去世，一只 21 岁去世，都是高龄离世。他的两只猫都没有生过病，一方面是猫天生体质好，另外一方面也是他照顾得好。去年他的狗得了糖尿病，他就放弃了外出旅游的爱好，每个月带狗看兽医，每

---

① ［美］芭芭拉·阿蒙德：《母爱向左，焦虑向右：母性矛盾心理解析》，何莹译，中国人民大学出版社 2019 年版，第 218 页。

天给狗打两针胰岛素，全心全意照顾生病的狗。他真心喜欢小动物，愿意照顾他们，给他们最好的生活。但是我要承认，我日常生活中见到的多是女性照顾小动物，像我房东那样的男性非常少见。"

饭饭发现，传统家庭中的男性可能也喜欢猫，但他们更倾向于跟猫一起玩耍，而不是照料猫的饮食起居。女性更多照顾猫咪的日常生活，其实是受传统性别规范的限制，而不是有这方面的特长。例如她妹妹家的情况："我不觉得女性照顾猫咪有优势，我觉得是不得已。男性也喜欢猫，像露娜寄养在我妹家那次，妹夫也喜欢猫，他会偶尔陪玩，但不会铲屎，也不会给猫准备吃喝。实际上，如果是我妹家养猫，最终还是她或者孩子的奶奶承担吃喝拉撒睡的照顾。"

在照护猫上的性别差异，老一辈中似乎更明显。许多受访者都提到自己的母亲养猫，父亲对此参与很少，有时还会说一些风凉话。例如徐枣枣讲述自己的母亲是一个资深爱猫者，其原生家庭中的养猫模式是这样的：

对猫的照顾还是女性从事的多，铲屎、喂食，基本都是我和我妈做，我爸不爱动手，并且会因为猫厕所清理不及时而发脾气。他平时和猫的互动也是把猫当家畜的态度，不是太包容，但好恶明显——偏爱卜卜星，偷偷给朴朴乐改名叫"大老黑"。

家里从我小学起就养猫了，我妈妈很擅长和猫相处，记忆里她走在小区总能被流浪猫夹道欢迎，这种"吸猫体质"我也遗传了，但我爸对于猫咪就不冷不热的。家里的老猫几次走丢都是因为我妈不在家，我爸开门时跑掉的，而他根本没发现。他对于这样的失误总是拒绝认错，坚持说自己什么也没做错，要求我不能怪他，因为"猫没有人重要"。他还时常说养猫对他来说是很大的负担，他不想养。这让我挺诧异的，因为看起来他会偏爱一些猫，也会在家里猫经过身边时叫猫的名字，想让猫和自己互动，但转头就能说出觉得猫是负担。他这样说话，总让我有点伤心（大概，猫咪倒是不会在乎的）。但我说服自己，他是一个不善于表达感情的人，跟人也挺疏远的，也就慢慢习惯他这样了。

如果说是女性收养的猫咪，女性更多照顾还在情理之中，但我们往往发现，那些男方做主收养猫的家庭，后来也可能变成由女性承担照护之职，或者女性承担比较困难的那部分。糖猫群就有这样的案例，猫是丈夫捡回来的，生病后则是女主人照料。喜洋洋妈的情况也有点类似："猫刚来一年多的时候，因为我怕小动物，全是我家先生照顾他吃喝拉撒，猫8岁以后我不上班了，会分担一些。基本喂药洗澡剪指甲这些，我先生认为猫咪会不高兴的事全由我做。"

而在那些丈夫本来就不怎么喜欢猫的家庭中，丧偶式育猫的现象就越发明显了。方枪枪的麻麻就面临这样的处境，她借方枪枪的声音讲述道：

我只有麻麻。麻麻白天上班打猎，晚上回家陪我，基本都是麻麻在照顾我。平时麻麻出门前或者回家后就给我换猫砂，换水，加猫粮和罐罐，陪我玩耍。家里还有一个男人，但他一开始就不太喜欢我，后来时间久了，我主动待在他身边求摸摸，他才会逗逗我、抱抱我，比较冷漠。

谁更多照顾猫，一个影响因素是家庭的既有结构（主要被社会所形塑）。比如家庭中主要经济来源是丈夫的时候（即丈夫收入更高时），那么不管谁更喜欢猫、谁更擅长照顾猫，更多承担照护之职的往往是妻子，因为这样的分工对家庭更有利。显然，如果社会结构中的不平等非常牢固，那么家庭中的不平等就很难改善。养育孩子、养猫都可能加剧这种现状，使得性别不平等延续下去。

在当代青年伴侣合作养猫的情况下，由于青年人的性别平等意识有所提升，且正式的家庭尚未建立，家里也没有人类小孩子，传统性别规范的影响相对弱一些，但并不是一点没有。例如猫神乐的两位朋友，在照顾猫的问题上就存在差异："在猫神乐的劳动上，人类朋友会秒变仆人。男女各一个，分配挺共产主义的，也没特意交流过，谁空谁就去伺候，谁做得好就做，另一个做其他擅长的事务，谁少做了大概也会在下次多担当一点吧，总觉得明确的分工这种事会把人变得冷冰冰的。不过根据人自身的特质的确也生成了一些轨迹：神乐会在早上缠着男仆人玩耍，他会魔法一般变出各种形状的纸球球和棉签，会在屋内拉弹弓，会用镜子和光在墙上画画——这些可太好玩了，永久性取代了从商店里买回来的所有玩具，在晚上则缠着女仆人要吃、要摸，等着一起回卧室。女仆人的话可比男仆人的听起来好受多了，自然也就更愿意亲近啦。"

　　另一个影响因素是母亲身份的自认。例如乔依林在访谈中提到，养猫当然跟性别有关："养任何宠物都会涉及照护问题。刚刚领养她俩的时候，不知道是因为我第一次养猫还是别的什么，她们带来的奶癣一直不好，不管怎样吃药、涂药膏、做药浴、改变饮食，总是时好时坏，很多时候我都很责怪自己不是一个好妈妈。从性别的角度来看，我很快就把照护的工作和妈妈联系在一起，马上承担起了母亲的责任，不管是什么原因，只要孩子受罪，就会觉得是自己做得不好，即使已经尽了自己最大的努力。这种想法很难说不是基于社会对女性角色的期待。这种期待会对女性造成压力，而且这种压力可能是潜移默化、无法察觉的。比如在一群人中间，女性常常是被期待要去照顾其他人、管理一些琐事的，于是这种期待大多数时候不需要用语言表达就被默认地加在某个人身上了。"基于这样的现状，她认为养猫的女性需要有人来跟她一起分担照护的责任，如果有伴侣、家人同住的话，伴侣、家人在撸猫开心的同时也应该承担一部分日常护理的工作，这样能缓解一下养猫女性的压力。

　　最后，笔者想谈一个易被忽略的议题，即猫咪自身的性别

（原生性别、性别表现等）。女猫有生育的问题，男猫①没有，家庭养猫一般会绝育，似乎性别的影响不大，但这作为猫咪的基本属性仍经常被关注到。例如猫妈妈们用女儿、儿子来对猫咪进行性别区分，并往往参照人类的性别规范来对其进行评点。有人发现猫中，"女猫是香的，男猫就是有一股味"，不过更多人的小猫似乎有跨性别迹象，例如有猫妈这样说："我家两个猫都特别娇滴滴，医生检查的时候都特别吃惊，说特别柔软，毛特别顺滑，不像个男猫！"还有猫妈这样说："哈哈哈，暖男猫，我家大橘也是同款，十来岁的时候家里来人还笑话他，说这么大岁数男猫那么娘。"

在笔者看来，人的性别可以流动，猫的自然也可以，因此不管原生性别如何，笔者给家里的两只猫都赋予了女性的性别。家里这两只的性别表现，都可以说是跨性别小猫。大米本身是男猫，但是长毛盖体、雍容华贵，看起来是个骄傲的小公主。我经常喊她"公主米"，以至许多网友都以为她是女猫。她很聪明，善于学习，平时跟妈妈的沟通多一些，会跟妈妈聊天。小米本身是女猫，但脾气像个淘气的小男孩，一身毛茸茸的短发，成天蹦来蹦去，一不高兴就乱喊乱叫，没法沟通。不过妈妈还是希望她做个乖女孩，所以没有给她改性别，还经常喊她"妞妞"，希望她有一天变成妈妈理想中的那个乖妞妞。

---

① 称女猫、男猫是将猫咪拟人化的方式。将猫看作家庭成员之后，我们常感觉使用"公猫""母猫"等词很别扭，更喜欢用"女猫""男猫"的说法。

在养育孩子方面，人类就没有这样的自由了。即使在家庭中，我们可以让孩子更自由地发展，但是一进入那个性别二元划分（严格区分）的社会（从学校开始），就每个人都被迫戴上了一个紧箍咒。那些不符合传统性别规范的孩子，难免时时被喜欢念经的搞得头疼难忍，甚至可能酿成一些悲剧。如果人类在养猫的过程中，看到（并欣赏）猫咪那些更自由的性别表现，能受到一点启发，应该也算是猫咪给人类带来的积极效用之一。

第四章　人宠家庭中的照护议题：以糖猫护理为例

　　2016 年，大米 9 岁了，虽然看起来还是个孩子，但实际上正在步入老年。有一天，她忽然不肯吃饭了，精神也萎靡不振，这种情况持续了几天，我[①]意识到她不可能自行好转了，就带她去了医院。一番抽血化验后，医生诊断为脂肪肝，告知我这不是什么大病，可以治愈。我才松了一口气，满心期待治疗一段时间后，大米就会康复。

　　然而，大米病情的发展却出乎我的意料。由于她在医院的应激反应大，不肯吃东西，更不肯吃药，各方面都不太配合，医生先是劝说我，将她转移到郊区的分院，说那边地方大，猫可以住在更大的笼子里，便于她的恢复，我没有答应，因为去了郊区，探视就比较困难了。后来医生又劝说我给她手术，通过植入一个食管，可以直接把食物输入，就可以不用每天跟她搏斗、强

---

① 前面几章中，更多是用笔者来指代自己。这一章在叙述的时候，感觉用"我"更合适，因为这章的内容与我自身有更紧密的关系。

饲（不肯进食的时候，强行把食物塞进嘴里）了，我同意了这个方案。结果手术后，大米就出现了高血糖的症状，后来经过治疗，血糖也没能恢复。说起来，我对这次手术是有些后悔的，尤其是发现其实可以不必动手术，而是选择插鼻饲管。然而，世界上没有后悔药，我不想纠结于此。而且，既然血糖没能恢复正常，说明她在这方面早有隐患，手术只是一个导火索，使得病症提前爆发了出来。

这家医院对猫糖尿病的经验不足（这家宠物医院医生的主要工作是做绝育手术，内科治疗相对较弱），过了一段时间，大米转院到一家环境和设备更好的大医院，重新进行血糖调理。一开始，我期望她的血糖是应激造成的，通过治疗可以摆脱胰岛素依赖，结果不如人意，我就此走上了长期护理猫糖尿病的路途。像是分水岭一样，2016年的这个春夏之交，彻底改变了大米、小米和我的生活，也改变了我们之间的关系。在那之前，两只米米基本上没有生过大病，而现在一切都改变了。在后来漫长的岁月中，我们三个一直在艰难适应着，努力让生活维持在一个相对正常的水平。

一段时间的茫然无措、到处求助后，我发现关于猫糖尿病的治疗和护理，在国内尚处于起步阶段。很多家长跟我一样，苦于找不到相关的资讯。为了便于糖猫家长之间就治疗和护理进行交流，我在网上建了两个平台，一个是微信"糖猫猫"群，一个是豆瓣的"糖尿病猫咪"小组，目前均各有家长三百多人。比较起来，微信群的交流活跃一些，但豆瓣小组用于保存资料文献更方便。网络社群为糖猫家长提供了重要的支持作用，在情感上让大家不至于孤立无援，在治疗和护理方面也可以分享各种信息。

第一节　宠物猫如何参与治疗和护理

作为宠物猫的家长、监护人、家庭照护者，当猫咪生病后，最困难的一点是如何选择治疗和护理方案。我家的两只毛孩子特别害怕医院，每次带去医院，都要经过一番搏斗。大米在路上就会吓得小便失禁，需要在猫包里面提前放好尿垫，在医院也比较紧张；小米到了医院，就全身僵直，处于非常恐惧和戒备的状态。因此我很少带她们就医，怕应激造成更大的问题。有什么异常，自己先在网上查询下，或者询问其他猫友，根据建议先自行买药治疗。

这次大米的情况比较严重，才不得不去医院。送去的时候，因为她很虚弱，无力反抗，塞进猫包的时候没有闹。到了医院里面，大米不适应，吃饭、检查、打针常常需要强迫，很不配合。有次一个男护士跟我抱怨，喂大米吃药太困难了，他现在看到大米就头疼（后来这个护士实在护理不下去，申请年假回家了）。医生听了不相信，认为是这个护士的技术不行，过来想亲自示范，结果药也没喂进去。

我那时每天跑医院，医院的检查一般不让主人参与，有次大概是因为人手不足，或者认为需要主人安抚，护士喊我过去，给了我一件小蓝服穿上。我跟护士一起，在一个台子旁边把大米压住，把小手小脚抓牢，不让她动，保持肚子朝上的姿势。护士先把猫毛剃掉，再做检查。可能是因为妈妈在身边，大米过了一会就放松下来，没有继续反抗。

检查总归是小事，时间也短，如果不是经济条件差，要做出选择并不太难。涉及一些比较大的医疗决策，比如是否手术，家长就不免犹豫起来。例如当两位家长在遇到猫咪有膀胱结石时，对手术还是保守治疗，一度非常纠结："后来我们俩在家反复讨论，还是决定先保守治疗，吃药看看是否能治愈。虽然宠物结石手术已经相当成熟，但毕竟是在身上动刀子，代入我自己，必然不会愿意为了一颗结石而挨刀，除非危及生命。在服了一个月药后拍片复检，看到结石缩小了，我们才放心不少。目前正在服第二个月的药，等吃完再去复诊看看情况，希望可以不让无疆挨刀，就治愈它的结石。"

这种以己度猫的方法，被许多家长所采用，但它也有局限性。我们知道，即使同为人类，每个人的想法也都不同，做出的选择更是千差万别。有人不想手术，也有人盼望手术，我们自己的想法，真的能替代毛孩子的意愿吗？那我们又要如何才能了解它们的真实意愿呢？如果已经将毛孩子当成家人，而且意识到它有一定的独立自主性，我们就无法再忽视这一点了。有学者认为，"动物无法对治疗表达知情同意，所以人类必须代表动物做出决策，这很类似于父母对待孩子的方式。尽管这里不可避免要采用一种家长主义框架，但我们应当对如下可能性保持开放态度：动物能够在某种程度上向我们表达自己的意愿"①。然而，理论上可以这么说，实践中却很困难。要成为一个更尊重动物意愿、更具平等观念的宠物家长，我们还需要更多努力的尝试。

近年来，一个新的职业出现了，且还颇受宠物主人的欢迎，这就是动物沟通师。在糖猫群中，有过几次关于动物沟通师的讨论。一次是在 2020 年 7 月，一位猫友的猫因为进食减少（原来每天吃 180 克都不够，现在只能吃 130—140 克），去医院查出子宫有息肉（之前未绝育），由于猫的年龄偏大（14 岁），又有糖尿病等病症，所以对于要不要手术，她非常纠结，怕手术后伤口长不好。尽管医生说伤口只是好得慢，不太可能无法愈合，但她一时难以做出决定。

她很想知道毛孩子的意见，于是在网上找了动物沟通师。沟通师的费用是半小时 150 元，需要她先提交一些猫的基本信息包括照片。她在群里跟我们分享了这次经历，说自己本来对此也半信半疑，觉得有些荒唐，但是沟通师的一些说法又让她觉得有点可信。例如乖乖（猫名）最近不肯吃饭，做完 B 超回来总是舔肚子，这些沟通师并不知晓，而且她担心沟通师偷窥自己的近况，已经把对方屏蔽了（应该是屏蔽了朋友圈），但沟通师上来就（代

---

① ［加拿大］休·唐纳森、威尔·金里卡：《动物社群：政治性的动物权利论》，王珀译，广西师范大学出版社 2022 年版，第 187 页。

表乖乖）说，觉得肚子胀，不舒服。这让她觉得有几分靠谱，很快就进入了沟通的语境中。

在这次沟通中，沟通师把据说是乖乖的想法告诉了她。如乖乖不是觉得食物不好，给的罐头其实挺喜欢吃的，是因为肚子胀，才吃不下去。目前吃的药感觉效果不大，而且有点不舒服。对于手术，乖乖说可以做手术，没问题。乖乖还让女主人要对自己好一点。她听了觉得挺神的，因为自从猫病了，她对自己是不够好，没给自己买过什么东西，而且沟通的那半个小时，感觉猫的状态和平时也不太一样。这次沟通虽然她没全信，但也因此坚定了要做手术的决心，因为乖乖自己想要手术，而她原本是想要保守治疗的。

群友对这次经历纷纷咋舌，认为好神奇、有两下子。既然价格不贵，颇有几位也想尝试下。如有猫友说："我倒很想听听我家几只猫的心声。每次喂糖猫猫饭时，总感觉另外两只眼巴巴看着我，心里怪不好受的。"也有人对此提出疑问，认为沟通师只是揣摩对方心理，刻意迎合主人："这沟通师就是心理师啊，摸你们心理呢，你们钱留着买罐头好不好。想听啥，来，我跟你说，你们的娃多爱你们，要你们爱自己。不吃饭当然是不舒服啦，最简单肯定是肚子胀啦。你们这些妈妈们啊，其实不是要找沟通师，是自己的心情需要舒缓。"

不过，有人认为即使是假的，这钱花得也不亏。首先价格不贵，完全可以接受，"有的心事重，需要这种陌生人的安慰。所以 150 元很值，是给自己找的""就是一个心理安慰，不然怎么才 150 元，我去看心理医生还 1 200 元一小时呢，150 块钱，说点人爱听的，比想不明白抑郁了强"。后面，大家的讨论重点基本集中在妈妈身上了，认为关键是她需要缓解焦虑和痛苦，对于如何去了解毛孩子的意愿（这是妈妈焦虑的来源），则没有太多涉及。然而，如果根源不能解决，焦虑的缓解只能是暂时的。

关于动物沟通师的讨论，2021 年还有过一次。这次也是因为毛孩子不吃东西，家长送到医院去检查，没有查出任何病症。连医生都解决不了的问题，猫妈妈要怎么应对呢？她想到了宠物沟通师：

我的小女儿听听有段时间老不吃东西，要斗智斗勇地追着她一粒粒的塞粮，简直了……去医院检查啥事儿没有，白花了 700 多元，最后只好找了个宠物沟通师帮忙。（我）加班晚归，听听不能理解，很寂寞。我请沟通师帮忙好好跟她解释，我也很想每天早点回来陪她，只是身不由己，最近工作忙，而我必须工作才有钱养她和家里其他毛孩子。我人虽不能按时回来，心里都在记挂她，我好爱好爱她，求她要好好吃饭，要健健康康活着，不然我要急死了都！沟通后她恢复了正常进食。

在她的描述中，这个沟通师不仅能帮助跟猫沟通，且这种沟通还直接对猫咪产生疗愈的作用，解决了她的难题。当然，这只是她的主观论断，我们无法判断是不是事实。笔者是唯物主义者，不相信通灵的说法。我认为猫的恢复，或者是因为注意到主人这段时间对自己特别关爱，这对它造成了积极的影响，使得身体状况也随之好转。之所以提到这个案例，是想要强调一点，即许多猫主人确实认为在猫咪的治疗、日常护理中，需要了解本猫的意见。

网上有一个颇具争议的猫主人[①]，她的猫有好几种病，在治疗和护理的过程中，她试图通过沟通师去了解猫的意愿。跟其他猫主人一样，这个尝试源于猫咪不配合治疗而引发主人的焦虑："强强住院整个情绪彻底崩溃，对医生护士就是一碰就炸裂。突然想起来以前同学推荐给我'宠物沟通师'，以前觉得挺可笑的，没当回事，这时候我万般无奈想试一下，因为毫无办法了。"

从她的叙述来看，这些沟通似乎更多表达了她的个人判断和潜意识。例如沟通师告诉她，强强以为医院是虐待小猫的地方，所以极度恐惧。于是她跟自己想象中的小猫进行解释，得到了一个较好的回应："第一次沟通，强强答应我好好配合治疗，我答应他每天来陪他，每天跟他沟通一次。"第二天她来到医院，一个男护士过来跟她说，猫不闹了，开始配合治疗。她当时就很震惊。其实，猫在一段时间后逐渐适应医院的生活，这种现象并不罕见，可能只是时间上的一个巧合。

后来她通过这个方式，了解到强强想出院。因为强强（通过沟通师）跟她说："我要回家，再这样输液下去我会死的，本来我

---

① 豆瓣"肾衰猫"小组的组长，网名"小二猫"，这里摘录的内容选自该小组中她在2020 年 6 月 27 日发表的帖子，题为"对于动物沟通和医疗的想法很多想说"。

没毛病，这个输液会让我没病弄出病。"其实，这可能是猫主人自己的想法，被善于窥视人心的宠物沟通师注意到了，当然也不排除是宠物沟通师自己认为出院对猫更好。尽管出院后，强强的状态非常不好，一点精气神都没有，但她对这点（即强强是自己想出院）似乎深信不疑。

强强的糖尿病控制不好，医生让用短效胰岛素，两个小时打一次。强强（通过沟通师）对此表示反对，不能这样打针，让她大胆去试别的剂量，不要这样犹犹豫豫。在强强的"鼓励"之下，她鼓起勇气改变方案，没有按照那个全国最厉害的专家的办法，而是在糖猫群主帮助下果断加剂量换胰岛素，血糖终于控制住。这次沟通师翻译的猫语似乎真的产生了效果，但这很难说就是强强的判断。我们糖猫群也有不少猫妈没完全听医生的，而是通过跟其他猫妈的交流来学习控制血糖。

这位猫妈的一些治疗方法被许多人反对，如让猫吃素食（据她的描述，猫现在已逐渐转换成以素食为主，不是淘宝出售的那种素猫粮，是自己用蔬菜做出的食物）。她说这不是自己的安排，而是猫的选择，猫通过沟通师反复告诉她，要吃素食，因为她不听还生气了。她一开始不相信、不能接受，但在顺从猫咪的意愿后，她认为猫的病症（糖尿病、肾病）确实有所缓解。然而，让一只有糖尿病的猫吃素，这是许多猫友无法接受的，至于真实效果如何，大家也很怀疑。

笔者对糖猫吃素的做法，也不太赞同。一般认为猫可以吃一点蔬菜，但以素食为主，大家总有点信不过。退一步说，健康猫或者可以尝试下，但是有病的猫，是不太敢冒险的。尽管有人提出："有充分的证据表明，狗可以依靠（经恰当安排的）纯素饮食健康地生活。有越来越多的证据表明，猫虽然是肉食动物，也能依靠高蛋白的、添加了牛磺酸和其他营养物质的纯素饮食健康地生活。"[1] 但在糖猫界，大家的实践经验是转换为纯肉饮食后，猫咪的血糖更加稳定了。

这位猫妈再三强调猫咪自己要吃素，可能是自己信仰佛教，这跟猫吃肉产生了冲突。有一种压抑已久的矛盾，在这个特殊时期爆发了出来。她没有将此解读为自身的纠结，而演绎成跟猫咪之间的博弈，其中有一个很大的诱因，即她正因无法了解猫的意愿而非常痛苦。她对这件事的解读，有一些也让我感到心有戚戚，如"我悟出了，应该尊重动物的想法，如果在沟通时我能够听强强的话，一切都不会发生，从那之后我开始尊重强强的每一句话，每一个想法。一般我们养宠物，一直以来只是按照我们的生活习惯去安排他们的人生，用我们的思维去设计他们应该做什么，自以为是对他们好。而当我意识到，动物天生的直觉和智慧之后，觉得人类真的很盲目自大"。

小二猫远非个案，想跟猫咪建立沟通途径的家长很多，尤其是那些需要日常护理的家长。因为我们每天都面临许多问题，要

---

① ［加拿大］休·唐纳森、威尔·金里卡：《动物社群：政治性的动物权利论》，王珀译，广西师范大学出版社 2022 年版，第 196 页。

做出许多抉择。当猫咪不配合测血糖、打针、吃药时，我们该怎么办？是不是哪里出了问题？要怎么才能跟猫沟通一下呢？我们想问猫宝贝的问题太多了，有人为此写了满满一张纸，打算去找沟通师来帮忙，这些问题有：身体有没有不舒服？妈妈每天给你扎耳朵、打针①，痛不痛啊？为什么不开心，是妈妈哪里做得不好吗？爱吃冻干还是罐头？……

　　从这些案例中我们可以看到，反对自大的家长主义，提倡尊重个猫意愿，这种观念并不是来自动物权利的倡导，至少不是主要来自此倡导，因为很多猫妈平时的言谈完全没有提及这些，这些想法来自与猫咪长期共同生活建立起来的深刻情感。这也提醒我们，在国内进行动物权利倡导，如果从宠物家长的人宠关系体验、宠物家人的理念和东方哲学（如佛教）入手，可能取得更好的效果。有些西方学者从公民社会的角度切入，如认为动物也是公民："如果家养动物仅仅是被动的监护者，那么我们可以在不考虑它们参与的情况下来确定我们对它们的人道义务。但如果动物们是有权去塑造集体的社会和政治安排的公民成员，那么我就得更加了解它们可能会如何表达自己的主观善意，以及如何去遵守或反对社会规范。这将是一个持续的过程，结果是难以预料的。"② 虽然极具启发性，但这种立场在很多宠物家长看来，不免

---

① 扎耳朵，是为了测血糖，有的主人是扎脚垫，看猫能接受哪种；打针即注射胰岛素。
② ［加拿大］休·唐纳森、威尔·金里卡：《动物社群：政治性的动物权利论》，王珀译，广西师范大学出版社 2022 年版，第 161 页。

是云山雾罩的想法。

从科学的角度来说，宠物沟通师通过照片就能翻译宠物的心声，这是不可能的，但在这个沟通的过程，宠物主人的想法得到了（沟通师的）倾听，有了舒缓心情的机会。很多宠物主人在沟通的前后、过程中，为验证效果，会加大与宠物的互动，从而慢慢找到一种跟宠物心意相通的方式。例如小二猫提到，随着时间的推移，"不需要沟通师的帮助，你也发现你和猫咪之间心意相通了，彼此之间更加信任了"。而在糖猫护理人的实践中，许多人也都通过不懈的努力，最终找到了合作模式。有糖猫主人提到，猫很配合治疗："万物皆有灵，托妞很怕打针、扎耳朵，但是他知道我是想救他，每天还是勉强自己配合我。"有的糖猫还对日常护理积极参与，每天到了点，会主动趴到主人日常操作的地方，提醒主人该测血糖、打针、喂饭了。

在笔者的护理实践中，和大米是怎么磨合的呢？我主要采取了解释、示弱、试错、暂退一步等方法。有时她不配合测血糖、打针，会躲、会跑、会闹，尤其不小心弄疼了她的时候，她还会咬人。那时候我就赶紧停止，小声跟她解释、赔不是，把被咬的手伸给她看："妈妈被咬了，你看这是你的小牙印。"[1] 这样一套仪式表演完，大米的态度会逐渐缓和。然后我再尝试下去，如果仍然不行，可以先放弃。下次换个办法再来，找到她愿意接受的方

---

[1] 大米知道分寸，从来没有咬出血，最多是个不破皮的小牙印，有时候连印也没有。

式。比如她不喜欢测血糖，这段时间就检测尿糖 ①；不喜欢打针，就换一个地方扎针，或者换一个新注射器。

糖猫的日常护理中，吃饭很关键。打完胰岛素不吃饭，可能导致低血糖。住院的时候是强饲，护士掰开猫嘴巴用针筒把饭塞进去。出院后，我立即放弃了强饲，主要用诱食的方式。如果不吃，就拿她平时爱吃的零食罐头、冻干引诱，慢慢哄着吃。有时吃饭很慢，一顿饭要拖到三四个小时。虽然糖尿病提倡少食多餐，吃得慢有助于血糖平稳，但这样的进食方式非常消耗主人的时间和精力。血糖高的时候，大米又闹着要吃，但偏偏不能多吃，怎么办，想办法拖慢进食的速度，各种转移注意力（如给吃猫草、玩新鲜的玩具），实在不行就在食物中掺水，减少饥饿感。

找到与宠物沟通的方式，建立彼此合作的治疗、护理模式，是一个长期的过程。而且情况会不断发生变化，今天还有效的方法，明天可能就失效，但我们不能放弃，因为没有宠物愿意生活在被强制的痛苦中，也没有宠物主人愿意长期对自己宠物进行强制（治疗和护理），尽管这是为了控制它们的病情。在这个过程中，宠物的意愿确实非常重要，宠物主人必须将其考虑在内。这里也没有谁的方法是最好的，可以放之四海而皆准，让别人都照

---

① 测尿糖也不轻松，虽然不用像测血糖那样扎出血来，但很耗精力。主人得一直盯着猫咪，注意到她什么时候去上厕所，赶紧跟过去操作。如果不配合接尿，只能退而求其次，通过小便次数（或猫砂团大小）来判断血糖的情况。如果血糖高，小便就比较频繁，每次的猫砂团也更大。

此办理，因为每只猫都是独一无二的，而每个主人的情况也不同。比如我放弃强饲、转用诱食，是因为大米抵制塞饭，而我的工作性质让我可以长时间居家，可以慢慢哄着吃，但很多人无法这么做。糖猫孙小咪的妈妈现在就还是塞饭，但从她发的图片、描述来看，这应该也是孙小咪可以接受的方式，如果真的不配合，要在 10 分钟内塞进 100 克肉，那是非常困难的。

第二节　走出完美母亲的生存困境

因为猫咪突发糖尿病而陷入生活困境，是许多猫咪主人的共同体验。这里的困境是多方面的，首先，照护糖猫非常消耗主人的时间、精力和金钱，尤其在确诊初期。我们来看下面这两个案例，在糖猫确诊后，住院费用高昂（大多比人医院更贵，又没有医保），出院后的护理更是非常烦琐，每天要不断测血糖、喂食、观察状态，判断病情，选择注射的剂量、频率和时间，害怕低血糖和高血糖，不眠不休，提心吊胆。即使两个人一起照料都累得够呛，独自支撑的人就更是苦不堪言。

（孙小咪确诊、住院、转院）这期间，除了每天心惊胆战、忧心忡忡外，就是费用问题。后来医生调糖完成，为了省钱，我们就出院了。出院后也是噩梦般的煎熬。对于我这样的糖尿病猫新手家长，一切都要从头开始。餐后 2 小时、4 小时、6 小时、8 小时都要量血糖，一周后血糖平稳，就只是餐前和餐后 2 小时量血糖，再一周后血糖平稳，就每天餐前量血糖，有空时再选择性地餐后量血糖。我老公在外地工作，我平时要上班，管孩子，管家里的猫，孙小咪生病住院这段时间的照护是我一个人完成的。最低迷的时候，在猫病危感觉要挂的时候，我的心态崩溃了。

（大白在家治疗、护理）这期间，我家情况是我和妈妈共同照顾大白。在他就医的几天里，白天我妈用鼻饲管喂药、喂食，晚上下班我带去医院输液复诊。白天妈妈还负责帮大白皮下补液，因为当时不吃不喝，需要提供一些基础的营养，大概进行了 10 天，就没有再继续补液了。夜里共同陪伴。开始自主使用胰岛素治疗后，早晚打针、采血是我和妈妈共同完成的。白天她负责喂（灌）食，晚上我下班接班照顾。那段时间几乎没有睡超过 3 个小时，1—2 个小时就得起来给他测下血糖。

许多人都反映，最痛苦的是睡眠问题，因为要不断地测血糖、观察状态、喂饭，睡眠彻底碎片化了。每次提到这个问题，大家都深有同感："猫得糖尿病以后，睡眠就放弃了。"有人说："平均一天睡三小时，我都不知道我咋没猝死。"另一个人也说："一样的，我已经一个星期睡觉都是一个小时一睡。"而且，这不是说辛苦一两个月就可以熬过去，糖尿病是慢性病，病情也容易反复变化，所以这种煎熬根本看不到头。有人才两年就已经感觉支撑不住："熬两年我都要废了，感觉人好累，昨天半夜 lo① 了两个小时，她精神很好，我严重睡眠不足。"因此，很多人都发出过这样的感慨："妈妈好累，熬不住了！"

如果同时还要兼顾工作，就更加辛苦。在糖猫刚确诊的时候，有人被迫辞职了，更多的则是想辞职而不能。双重困境之下，人很容易抑郁，如这位猫友："我儿子糖了以后，我几次都想辞职，每天不到三个小时睡眠，特别容易沮丧。"那些猫的血糖尚好、不需要如此辛苦的猫主人，往往也要调整工作状态。不少人都反映，只要自己一出差，猫的血糖就不稳定了："我前两天出差把猫寄养在医院，针和饭的量都给他们说好，血糖还能飙。""我在家，它一般就稳着的，最多也就 20 多。我这两天出差，我妈给它打，瞬间就 30 多。"有人为此选择了不出差、不换工作："我现在不出差了，上次就是出差，回来猫就酸中毒了！""跳槽也受限，不能出差。"

即使在猫血糖的稳定期，偶尔出门玩一会，也不能尽兴："我现在出门玩都不安心，就惦记回家。我 23 点打针啊，有时候跟朋友吃饭，从 21 点我就开始抓耳挠腮，坐立不安。""我自从我家的猫糖尿病有了，肾衰有了，就只有春节这种时候离家，剩下绝不外宿。"至于外出旅游，根本不可能了："我感觉我家猫一病，我基本没有旅游的机会了。""哎！我也两年没出去过了，泡个温泉

---

① 即出现了低血糖。从描述来看应该只是略低，不算严重，但也需要给吃的，帮助升血糖，避免风险。

还得惦记着回来给她打针。""儿子生病之后再也没去旅游了。"糖猫群谈旅游是一件奢侈的事,唯一一次劝人旅游,是毛孩子已经回了喵星,大家劝慰主人:"实在不行,去旅游散散心,咪咪已经不在,你自己的身体同样也很重要。"

在这些叙述中,我们看到母亲的需要(想要休息、发展事业、旅游等)和毛孩子的护理往往有冲突,这给她们的心理带来了矛盾和纠结。正如有人指出的那样,母亲的需要和孩子的需要之间的矛盾是造成母亲们矛盾心理的主要原因,而母亲们的矛盾心理又是她们产生焦虑和内疚的主要原因。这种焦虑和内疚使她们想尽力修复和弥补与孩子的关系,导致自己的合理需要更加得不到满足。这似乎是一个恶性循环,不可避免地会造成很多痛苦。①

造成母亲如此痛苦的根源,是整个社会对完美母亲的苛求。不只是其他人动辄指责母亲不尽职(尤其在孩子生病后),母亲自己也常常将此期待内化,成为对自己的要求。在糖猫群里面,追求完美血糖的母亲不在少数,她们给毛孩子带上动态血糖仪,不停地监控血糖的波动,严格控制猫咪的饮食,希望毛孩子尽快恢复到"正常"(即停针)。通常糖猫吃主食罐头(即湿粮)有助于血糖的稳定,也有更大概率能停针,因此不少糖猫在确诊后,家长就给换成了湿粮,但是有一些毛孩子对此难以接受。群里有一个猫妈,为换粮跟毛孩子博弈了一个多月,"我们家是差不多最倔

---

① [美]芭芭拉·阿蒙德:《母爱向左,焦虑向右:母性矛盾心理解析》,何莹译,中国人民大学出版社 2019 年版,第 216 页。

强那种，完全不吃湿粮，换粮经历了尿闭，硬塞，硬吐，诱食剂，药物"他就是用这一招（尿闭）每次都能达到目的，所以这次我就不喂（干粮），尿闭我们就去挤尿或者导尿，回来不吃继续塞，塞得吐还继续"。妈妈下定决心，要跟毛孩子磕到底，把他吃干粮的习惯纠正过来，她会成功吗？

在严密监测血糖的时候，许多猫妈发现，毛孩子的血糖跟自己的情绪有紧密关联。例如这位猫妈说："我也不知道咋回事，第一天是它吃了一个棉花球，然后呕吐，我特别紧张，它感受到了，血糖就飙上去了。第二次是它便秘，我又特着急，它又飙了。其他原因我真是找不到了。"看来，如果猫妈不能放松自己的心态，总是焦虑、紧张，对毛孩子的血糖也有不利影响。很多时候，妈妈的健康应该是孩子健康的一个保证，也许我们要走出完美母亲的幻想，才能找到坚持下去的路径。

走出困境，光靠妈妈的自我调节是不够的，完美母亲的苛求本就来自全社会。而照护毛孩子之所以会这么辛苦，很大一部分也是因为所得到的社会承认和支持严重不足。如今，即使是照顾人孩子的工作，也往往被认为地位低下。如有人所说的，（照顾孩子）让人离群索居，感觉无聊，且要求苛刻又没完没了，令人精疲力竭。它会侵蚀你的自尊，将你同成人世界割裂开来。越是与生活脱节，这件事做起来就越困难。① 至于照顾毛孩子，就更得

---

① ［英］蕾切尔·卡斯克：《成为母亲：一名知识女性的自白》，黄建树译，上海人民出版社 2019 年版，第 7 页。

不到社会的承认，很多时候还得不到家人的理解和支持。

由于性别规范、传统家庭结构等影响因素，当家中的猫咪生病需要护理时，责任往往落到这个家庭中的女性身上。在国外，许多人早就发现宠物就医存在明显的性别差异。兽医诊所内的饲主约有 85% 为女性，许多兽医甚至告诉我，有些男性带宠物就医时，还会带着太太亲手写的纸条，记录宠物的病情。① 国内的宠物医生对此深有同感，如"兽医张旭"2018 年在微博发表的一个帖子中提到："能做到通宵陪护重病伴侣动物的大部分是女主人，动物死亡离去的时候痛哭流泪的也大部分是女主人。大部分男性饲主对宠物的爱主要是因为自己的太太或者女朋友喜欢家里的小宝贝，然后爱屋及乌，偶尔还会遇到有两口子带宠物来看病，男的趁太太去洗手间的时候悄悄和兽医说，这狗（猫）病得也挺重了，我们就不要让它太痛苦了，劝劝我老婆尽量放弃吧。"

另一位网红医生"兽医老尹"（和兽医张旭一样，他们在微博都有百万粉丝）也多次提及患者家属中的性别差异，2017 年，他曾发表这样一个帖子："来的女性患者家属比例很大，时间长了就发现一个规律：患者家属女性大多是找了个笨老公。遇到病情讲几遍都理解不了的时候，我一般都要求把外面等着的男性家属叫进来听，几乎得到的回答都是：不用叫，他比我差远了，更听不懂。不知道这些女家属哪里来的自信。"这里男医生对女家属的话

① ［美］哈尔·赫尔佐格：《为什么狗是宠物猪是食物？》，李奥森译，海南出版社 2019 年版，第 130 页。

表达了不认同，但实际上这自信并非来自这些女性的妄想，而是实实在在的生活经验，男家属在这类问题上的理解力不够，也不是智商问题，而是无所用心。

老尹 2018 年发的一个帖子，或者可以作为这个问题的注脚："一个患者家属对我的治疗方案不理解，我连比带画地讲了一遍后问：明白了吗？对方用迷茫的眼神看着我摇摇头。我叹了口气说：好吧，时间紧迫，让你老公进来再听一遍。她：我老公每次把我送来后马上就走。我：为什么［费解］？她：有一次我有急事让他带猫来复诊，您问他猫的精神、食欲、药物反应等一大堆细节的问题，他基本回答不出来，然后就被狠狠训了一顿。他回家后说：谁知道带猫看病需要回答这么多问题，那个感觉比考试不及格还尴尬。所以以后就再也不敢进来了。"

在糖猫群里，类似问题经常被吐槽，很多人认为自己的男性伴侣对猫咪太不上心，对此多有不满。例如有一位女性猫友这样说："我家去看病，听完医生说的话，我号啕大哭，觉得猫快不行了，我老公毫无波澜，他说医生的意思是暂时没事，那就是没事！反正我俩理解总是相反，都是极端。而且医生跟我们讲结果的时候，我老公还老拿着手机玩，我要提醒他收起手机好好听医生讲话。"

中国人是讲究含蓄的，说话婉转。尤其中国的医生，由于经常谈到生死这类敏感话题，因此说话更具有艺术性。上面这位女性朋友的话，就让我想到了经典名著《红楼梦》中，秦可卿看病的那个情节。当时诊疗后，秦可卿的丈夫贾蓉询问医生，这病到底如何（与性命终究有妨无妨）时，医生张友士的那番话就非常值得玩味。原文如下：

先生笑道："大爷是最高明的人。人病到这个地位，非一朝一夕的症候，吃了这药，也要看医缘了。依小弟看来，今年一冬是不相干的。总是过了春分，就可望痊愈了。"贾蓉也是个聪明人，也不往下细问了。

如果是个不懂中国人说话艺术的人，听了这段话，可能真会认为这不是什么大病，一个冬天都无大碍，而且过了春分还有望痊愈。实际上呢，医生给的信息是非常不乐观，真实意思是最多能撑过这个冬天，可能挨不过春分了。贾蓉虽然是个纨绔，但也是贵族子弟，从小在社交场上历练出来的，一听之后自然明白，也就不再多言。

当然，这位猫友的丈夫，把医生说的婉转言辞（暂时没事）当成肯定没事，并不一定是不懂国人的说话艺术，更可能是他在情感上对猫比较淡漠。他的毫无波澜与女主人的号啕大哭形成了鲜明的对比，这个家中谁是真正关心、照护猫咪的人，也就不言而喻了。这种情况在中国养猫家庭中很常见，女性往往是猫咪的主要护理人，甚至是唯一的护理人。

糖猫群中90%以上的是女性，多数人自我认同为猫妈，平时吐槽男性家人不帮忙、只会说废话和风凉话、是猪队友的言辞不少。如"我家都是自己，爸爸除了当司机①，别的啥都不行""爸爸一直在旁边说：再给吃点吧，太可怜了，都快哭了②"。一位猫友的丈夫虽然也参与喂饭、打针、喂药，这些工作却时有瑕疵："我老公有时候给我摆烂，抽针都抽不到位③。""我的传感器用了8天就坏了，给咬坏了，然后我去拿新的时候，我老公没看好，给他吃到猫粮了④，真是猪队友！"由于助力太少，有的猫妈甚至在自己要生孩子时，还需要亲自安排好毛孩子的护理："我生孩子，都是给糖猫准备了40支抽好的胰岛素放冰箱才安心去的。"

血糖调理是一个精细活，细节上做不到位，就会导致糟糕的结果。例如关于打针，就有人吐槽："一样的量一样的针，我老公打的和我打的血糖就两样。"这其中原因就非常复杂了，从技术的角度来说，插入针的位置和深度、停留时间、手法等都会造成差异。而且，情感沟通也很重要。仅仅是情绪不好，也可能造成血糖的波动，猫是很挑人的。有人就这样说过："我们家猫真的是戏精，我跟我妈给打针，什么事都没有，我老公给打针，操作手法

---

① 爸爸即猫爸爸，他在这件事上的贡献是开车送猫妈妈和毛孩子去就医。

② 糖猫需要控制饮食，如果不培养好饮食习惯，定时定量吃饭，血糖会不稳定。但是猫爸爸对猫妈妈的苦心多不能体会，他们只是不想听见毛孩子吵闹，想要赶紧让毛孩子安静下来。

③ 糖猫所需胰岛素的量非常少，要用一种微量的胰岛素注射器，抽取时颇为不易，需要一定的技巧。有些猫友为了达到更精确的量，会用各种工具帮助放大刻度，这个工作很考验耐心。

④ 传感器即动态血糖仪，这里是给猫用的，被猫咬坏了。糖猫一般吃主食罐头，吃干粮容易升血糖。

都一样，那个惨痛的叫唤。我对猫说这天天打，怎么就他打，你就不干了。"这样导致的后果往往是这些工作更多地落到了女性头上，而男性则理所当然地成为旁观者。

当然，并不是所有的糖猫爸爸、糖猫男家长都如此。笔者就访谈到了一个负责任的糖猫爸爸，他独自一人照顾三只橘猫，其中包括一只糖猫："患病三年，告别夜生活的猫爸爸独自抚养。原先我比较爱玩，但因为老大的这个情况，我调整了生活状态，除非有特别的工作安排，绝大部分时间都会早早回家，给猫打针。对这样的生活我没有遗憾，现在早睡早起，健康作息，很是享受，也习惯了。"糖猫群也有人提到："群里有些负责照顾糖猫的男性比女性更为仔细，有的甚至把猫咪每天大小便的情况都记录详细，还有的把猫咪用过的猫砂铲出来称重，以便更精准地了解猫咪每天的尿量情况，护理之精细可能有些女性还及不上。"

哈佛大学医学院教授凯博文（Prof. Arthur Kleinman）在一次题为"照护在当代的重要性"的演讲中提到，首先，照护扎根于关系和道义互惠，丈夫和妻子、父母和孩子之间关系的质量，和照护的质量有莫大的关系。其次，照护要求照护者真诚的、全部的在场。这意味着我们是主动的、积极的、深度进入的，而非袖手旁观。再次，照护的另外一个重要面向是仪式与习惯，像仪式一样组织每一天，习惯教会你如何做事情，不至于耗散太多的精力去思考如何处理。此外，照护需要坚持和忍耐，因为大部分的照护并不会带来良好的结果，而是在照护的过程中学会如何与不佳的后果共处，学会如何生存。最后，照护也是人的发展过程。照护过程中会有诸多障碍和困难，有时这会让照护变得极其困难。

照护的工作是如此重要而又充满挑战，认同为母亲身份的女性在照护中常常不堪重负，要让女性走出完美母亲的困境，所有人都应该做出改变。母亲要认识到自己的需求是正当的，自己是可以提出诉求的。家庭中的其他人尤其男性则需要意识到，自己应该提升对照护、社会性别的认识，改进与家中女性、毛孩子的关系，积极主动且深度地进入家庭照护之中，与家人一起建立、维护相关的照护仪式和习惯，而不是袖手旁观。社会也应该认识到，需要给陷入照护困境中的家庭，尤其是其中的主要照护者提供更多资源和帮助。

第三节　家庭抗逆力的建设与维护

什么是家庭抗逆力？一个关于慢性病患者家庭的研究指出，由于慢性病的病因复杂，治疗和护理周期长，因此常合并多种疾病，晚期会发展为不同程度的躯体或认知功能障碍，从而给个人和家庭带来严重的疾病负担。有的家庭在经历家庭成员患病时能良好适应疾病带来的挑战，这种促进家庭积极适应的能力就是家庭抗逆力。[①] 家庭抗逆力在提升患者的康复效果、促进家庭的良

---

① 辛菊花、杨巧芳、申文佳：《慢性病患者家庭抗逆力的研究进展》，《职业与健康》2022年第 5 期。

好适应、减轻社会的疾病负担等方面都扮演着重要角色。有效挖掘家庭自身力量，实施护理干预以提高患者家庭抗逆力已成为关注的焦点。[①]

当家中的宠物猫患病时，人宠家庭面临的情况与此类似，尤其跟患病儿童的家庭比较接近。一个关于儿童患病家庭的研究发现，儿童癌症家庭的整体抗逆力较为脆弱，疾病成了家庭日常运转的中心，家庭经济压力较大，缺少专业协助，社会交往减少，处于社会孤立状态。依据社会生态抗逆力理论模型，该研究指出，促进家庭团结，提供专业协助，促进社会交往，营造社会归属感等，有利于增进儿童癌症家庭抗逆力，帮助家庭更好地应对疾病及相关问题。[②] 这里提到的患病家庭现状和应对措施，对于糖猫家庭也基本适用。

如何提升家庭抗逆力，研究者给出了一些建议。如肖佳怡等人对急性白血病患儿家庭的研究显示，患儿家庭对内再构逆境意义，调整角色分工，形成良性沟通；对外与其他患儿家庭共筑乐观信念，联合社会力量，重视医患双向沟通。这些调适策略使得家庭信念系统趋于积极，家庭组织模式趋于稳固，家庭沟通过程趋于正向，最终重构家庭的保护因子，形成家庭抗逆力。[③] 黄翠

---

① 叶明明、张薇、周兰姝：《家庭抗逆力实践干预项目的研究进展及启示》，《护理学杂志》2020 年第 18 期。
② 黄霞：《儿童癌症家庭的社会生态抗逆力探析》，《医学与哲学》2022 年第 6 期。
③ 肖佳怡、罗国晕：《束手有策：急性白血病患儿家庭抗逆力的质性研究——以昆明市 P 医院为例》，《锦州医科大学学报》(社会科学版）2022 年第 1 期。

萍等人对孤独症患儿家庭的研究显示，抗逆力的生成包含培育积极的家庭信念、促进家庭内部的联结、拓展外部的资源以及不断改善沟通过程四个层面的叙事。家庭抗逆力的生成体现出，孤独症患儿家长在结构和文化等因素制约下努力应对困境、充分发挥主体能动性并与环境积极互动的结果。①

　　简而言之，家庭抗逆力的建设大致分为家庭内部和家庭外部两部分。家庭内部的调整包括家庭成员调整心态，合理化分工，改善沟通，加强联接和团结等。在核心家庭中，丈夫是主要的合作者，尽管很多人吐槽丈夫不可靠，但不得不承认，很多时候丈夫仍然是重要的（有时还是唯一的）协助者。就连一位吐槽丈夫完全不管的猫友，也在一次讨论中透露，丈夫不是什么都没干，比如在调节测血糖仪器时，他也参与了，贡献了一点力量。而且，很多抱怨同时也是调侃，骂中带笑，带有一种亲人间的戏谑，而不是充满怨愤，类似这样："感觉我把我老公骂得快生气了，哈哈哈！我开始手抖，我就叫他来，他扎不成功我就骂他。"所以，尽管猫妈们是在表达不满，但群里多数时候仍然充满了快活的氛围。而大家通过吐槽、交流如何调教丈夫，也可能会促进现实中的一些变化，比如丈夫在鼓励、刺激下，改变了态度，更多地参与进来。

　　在访谈中，不少受访者表达了对家人的感谢，其中也包括对

---

① 黄翠萍、谭卫华：《孤独症患儿家庭抗逆力生成的叙事研究》，《医学与哲学》2021年第21期。

丈夫的感谢。糖猫家庭与患儿家庭有一个不同之处，即宠物猫可能只是女方的喜好，是女方收养的，丈夫的支持是因为爱屋及乌。在这种情况下，即使丈夫的支持有局限性，如因为家庭分工的关系，丈夫更多是提供经济上的援助，在护理上帮不上忙，也仍然十分可贵。如孙小咪的家长这样说："最低迷的时候，在猫病危感觉要挂的时候，我的心态崩溃了，老公给予了我最大的关爱和支持，对猫的住院治疗费用也给予了很大支持，没有任何抱怨。不过，由于住院期间是医生手把手地教我，回来后老公什么都不会，所以一切还是我做。他给予其他方面的支持，则是我捡猫的底气。"

糖猫家长的另一个护理助手，往往是自己的母亲。中国家庭中，儿女成年后跟父母同住的情况不少，即使不同住，关系也比较紧密。不少人都提到，母亲在护理糖猫中给自己帮了忙。不过还有一种情况，猫本来就是母亲捡来的，这个时候就是女儿在给母亲帮忙了。在母女关系比较和谐的情况下，母女联手比夫妻齐上配合起来似乎更默契。例如母亲和女儿分别扮演红脸、白脸哄猫咪："我妈妈一直陪着我照顾糖猫。我假装坏人，我妈妈要批评我，她才高兴。"在具体操作上，有的母亲可以帮忙测血糖打针："我妈已经学会了测血糖、打针、喂药，我周末放假，早上起不来，都是我妈自己就把针打了的。"不过由于身体原因，有的母亲需要女儿提前抽取好注射剂量："我妈也是，要把量提前抽好，不然她看不清。"至于父亲，一般指望不上，不反对就算支持了，因为不少人的父亲甚至还把要扔猫当成口头禅："我妈就经常私下给我说，我爸要把猫丢出去。"

吐槽母亲的人也有，主要是喂食方面的分歧。姥姥因为隔代亲的缘故，或者对猫糖尿病的认知不足，大多对毛孩子比较娇纵，经常毛孩子一闹就给吃的，而糖猫又需要严格控制饮食，以免造成血糖不稳定，导致本来停针的要继续打针，或者增加胰岛素的注射量："我在外地工作，这半年都是我爸妈照顾他。也不知道是因为小李子罐头复糖了，还是我妈乱给零食吃复糖①了，反正他撒娇功力了得，我妈刀子嘴豆腐心，老忍不住，稍微饿了一撒娇就有吃的。""难怪最近针不稳，被我妈喂肥了两斤，白头发都给我气出来了。"

即使有家人的参与和支持，女主人往往也会承担最繁重的那部分工作。例如在糖猫俏俏的家庭中，丈夫、母亲、孩子都分担了一部分护理职责："我的母亲和我先生是我坚强的后盾，他们会提供给我无条件的经济支撑，这使得俏俏能完全实现罐头自由。我的母亲平时也配合我，给它定时称重，定点定量去喂餐，使它的血糖能很好地控制在一个健康范围内。我的孩子从小就是和猫咪一起睡、一起玩、一起长大的，他3岁就已经懂得了糖猫需要特殊护理，不能吃猫粮，会在俏俏自由活动时帮忙看住它。"然而，作为主要护理者的她，有时仍不免非常辛苦，因为家人的帮

---

① 治疗后，猫的胰岛功能有所恢复，不再需要注射胰岛素，但后来病情反复，血糖又高了，这称为复糖。

助只是辅助性的，如"猫咪监测血糖、打针、晚上需要起夜很多次，在未找到准确的注射量时，随时可能在药效高峰时有低血糖发生，有时我困得实在厉害，闹钟也闹不醒，需要家人配合叫醒去测血糖，这就会影响到同住人的正常休息"。

由于糖猫的护理是全方位的，除了测血糖、打针，还包括进食（定时定量，少吃多餐）、排泄（观察尿量、频繁程度等，或者测尿糖），如果家人参与者多，如何统筹安排，需要主要护理人的协调。例如有人这样描述自己家的情况，她跟父母同住，三个人都参与了猫咪的喂食："我妈妈是半夜会醒一次，所以猫猫3点会吃一口罐头或者冻干 ①，早起6点多，我爸就醒了，又会吃一点，等到8点测血糖，大概9点多还有一顿，这顿吃得多，大概能有30克以上，然后就是看他饿不饿，下午吃得不算多，但是每2—3个小时吃一次，一天吃130克左右。"这样多次的喂食，就需要彼此配合，了解每个人大致喂了多少，避免吃过量。

在这个过程中，如果家人之间就如何治疗和护理糖猫达成了基本共识，而且每个人都尽量参与一些，家庭关系就可能因此而更加紧密，或者得到一定改善，从而增强了家庭的抗逆力；但如果有分歧，且无法妥协和退让，也可能导致关系的恶化，甚至走向终结，群里也确实有因为这方面分歧而分手的恋人（因男友不支持糖猫的治疗）。此外，我们还需要认识到，仅仅在家庭内部做

---

① 由于担心打了胰岛素后血糖下降过快，出现低血糖，一些糖猫主人会选择半夜补餐。

出调整是不够的，糖猫家庭往往还需要外部的资源，如宠物医院、其他糖猫家庭、其他社会力量的支持，尤其对于单身、独居的家长来说，外部资源就更加重要。

单身猫妈如我这样的，没有家人为后援，如果需要人帮忙，就只能向外寻求资源。资源一般分为两类，一类是市场化的，如宠物医院、寄养点、家政服务。然而，普通的家政服务只能照顾健康的宠物，寄养点和医院的问题则是需要换环境，猫存在应激风险。多数寄养点也不提供测血糖和打针的服务，医院有这些服务，但住院费用较高，且医院病患多，照护不会太精细。一类是社会关系方面的，比如让朋友帮忙上门护理，但可能没有这么合适、能当此大任的朋友，而且猫留在家中虽然减少了应激风险，也不一定就能接受其他人（尤其是陌生人）的照护。

总之，要找到一个可以短期看护糖猫的人很困难。尤其如我这样平时都是自己照护孩子的猫妈，我们需要的不是长期保姆，只是偶尔自己需要外出的时候短期来帮忙的人。我去过我家附近的一个家政小店，感觉那里的阿姨不太合适，她们大多是做清洁、烧饭菜的工作。后来我又想把小区看守车棚的阿姨发展为临时猫保姆，因为她来我这里比较方便，但是在请阿姨来家聊天交流的时候，发现阿姨在养猫理念上跟我有不少差异，而且最关键的是米米不肯接受她，看到她就躲，来了好几次都这样。

在本地社区发展互助互惠的护理资源，是一个可以尝试的方向。在群里，猫友互助的不少，例如有人这样说："我和对门都是互相有钥匙，我一般不出远门，有时候同城活动，中间会让邻居过来给丫丫添罐头，邻居出门不放心她老公喂猫，我得上门监督，经常检查出水盆没换，食盆没洗，就及时处理。后楼大姐一出差，病猫吃药、皮下输液都归我管。"而我最后也是靠朋友帮忙，在反复找人来家帮忙后，有一个朋友学会了打针，可以在我偶尔出差、开会时过来给大米打针、喂饭，作为回报我也为她提供一点帮助，可以说是一种互惠的关系。

现在，这位朋友自己也养了猫，还帮人照护过有肾病的猫，经验更丰富了。我因感觉许多糖猫家长需要这类服务，建议她可以将此发展为一门副业。在访谈中，她对此做了介绍："护理过的猫咪主要有糖尿病猫和肾病猫。糖猫需要定时定量吃饭、打胰岛素，胰岛素用量要严格精准地控制，必要时也要检测血糖。我会打针，猫咪（儿童）专用的、刻度很小的一种胰岛素针。我护理过的肾病猫需要用针筒喂食足量的水，监督排尿状况等。虽然可以采用皮下补液，但有些猫咪容易应激，很难进行下去，就采用喂水的方式。喂水比想象中困难得多，一整天都追在猫屁股后面跑。猫咪体重大，喂水量也相应变大，一天要喂十几管。"她还谈到了对猫咪护理师的看法："我觉得这是一个很有潜力的行业，不过作为一个猫妈，这个行业的不规范会使我们面临一些不确定性和风险。我自己的话，是基于帮助人和毛孩子的想法，才参与进来的。对于特别容易应激的猫咪、老年猫咪来说，熟悉的环境更有利于维持他们的健康和生活质量，主人不在家的时候，万一猫咪突发急病，猫保姆也可以帮忙及时送医。有慢性病的猫咪，我希望有一段熟悉的时间和相处的过程。护理工具一般需要猫主人自备，细节需求要交代清楚，出现紧急情况如何就医也需要说明白。"

总之，不管是较传统的家庭，还是近年来在增多的单身家庭，在应对长期的宠物家庭护理这个问题上，家庭抗逆力大多比较脆弱，因为往往对此没有预估和准备，但在实践中多数家庭都展示了一定的韧性。通过调整家庭内部的关系、拓展社会关系、发展市场资源等方法，解决了部分燃眉之急，增强了家庭的抗逆力，但这些可能还不足以应对糖猫家庭，尤其是其中主要护理者（多为女性）的生存困境。

第四节　照护与医患关系的重建

糖尿病是一种以高血糖为特征的疾病，由于胰岛素分泌缺陷，或其生物作用受损，或两者兼有引起。长期存在的高血糖，会导致各种组织特别是眼、肾、心脏、血管、神经的慢性损害、功能障碍。糖尿病以二型居多，一般在年老后发病。早期表现形式为三多一少（吃多、喝水多、尿多，消瘦），治疗方法包括调整饮食、锻炼、口服药和注射胰岛素等。糖尿病的引发因素，往往跟遗传因素、不当饮食有关。——以上是关于人糖尿病的常见说法，对于猫糖尿病也基本适用。

就笔者建立的糖猫社群观察到的病例，多是 7 岁以后发病，早年的发病可能是应激所致，血糖更容易恢复。而老年后的发病，可能跟长期吃干粮或者遗传因素有关，及时进行治疗、调整饮食后，有一部分猫可以缓解，可以在一段时间内停止注射胰岛素，但也有一部分无法缓解，需要长期注射胰岛素来控制血糖。有一些猫友尝试过用人类的口服药来控糖，效果大多不理想，且喂药往往比打针还困难，因此目前的主流治疗方案还是注射胰岛素。

猫的糖尿病护理跟其他病比较起来，有这样两个特征：第一是需要长期的家庭护理，包括饮食调整、增加运动量、血糖监测、注射胰岛素、并发症治疗等，非常消耗护理人的时间和精力；第二是日常风险较高。虽然是慢性病，都说控制好跟正常猫一样，但如果控制不好，持续高血糖就可能出现中毒症状，有生命危险。而注射胰岛素剂量过大，或者注射后不吃饭，就可能引发低血糖，严重的也有致命风险。不少糖猫家庭都备有葡萄糖，用于紧急情况下救命。如果低血糖不严重，猫咪自己能进食，一般让它自己吃就可以。

相对于其他疾病，糖猫的日常护理难度更大。其他疾病的护理，多是医生开方，每天定时吃药，一段时间后复查即可。糖猫护理人则往往面临诸多选择，关于注射胰岛素，有用哪种胰岛素，每天几针，每次多少剂量，何时打针，是否要加打短效胰岛素等选择。关于测血糖，有用动态血糖仪，还是普通血糖仪、宠糖仪（宠物专用血糖仪，价格较贵）等选择。关于吃饭，吃什么，吃多少，吃几顿，什么时间吃，每只猫的方案都会不同，每天都可能变动，因而护理人的压力很大。不过，压力也是动力，它迫使糖猫家长更积极地去学习、制定更好的血糖控制方案，这也就涉及跟医生的合作了。

由于宠物依赖于其代理人来与医生沟通，所以宠物的医患关系仍体现为人与人的关系。在这里，笔者借助人类医患关系对其进行简单分析。常见的医患关系有指导－合作型，即医生进行指导，患者配合治疗。这是一种有限的合作模式，由于医生掌握更多的医疗知识和资源，在指导过程中往往占据主导地位，病人虽然有一定主动性，但要以配合和服从为前提。这是比较常见的一种医患关系，糖猫家长在治疗初期，由于缺乏相关的知识和资源，对于治疗方案大多难以表达意见，因此更愿意听从医生的安排，采取配合的态度。

笔者认为，这种模式可能存在两个问题。

首先，患者是动物，无法表达意愿，由代理人（人类家属）来与医生沟通。因此，医生的建议可能并不符合动物患者的利益，而更符合他认为的人类家属的利益，例如有医生会建议对糖猫进行安乐死。有一位猫妈妈就吐槽说："医生说糖尿病，叫我买胰岛素，什么测糖仪器，或者考虑安乐死，我老公很生气，他很宝贝（猫）。"医生做出这样的建议，应该是因为确实有一部分家长想要放弃治疗，医生迎合了这类家长的心理倾向，也可能是掩盖其自身在这个领域缺乏经验的事实。

这个问题是历史性的,并不只存在于我国。有学者指出,在动物医疗的历史中,动物病人往往是不被看见的,只是到了现代,动物医生的医疗实践才开始转向,越来越以患者为中心。动物患者在一些动物医生的临床实践上被赋予近乎完全的主体地位,然而,对于历史学家和社会学家来说,承认动物患者的主体性是有问题的,因为他们一直以人类为中心来进行思考。[①] 目前,在治疗中要承认、体现宠物的主体性(意愿)仍然很困难,尤其在现阶段,宠物家长作为代理人要体现自己的主体性可能都有不少障碍,但这应该作为一个目标去努力。

其次,医生可能跟家长之间存在分歧。医生在动物医学方面掌握系统知识,如果接触病例较多,那么对各种病例的了解就更丰富。家长缺乏系统知识,所知病例往往不多,但他们也有优势,即对自己的猫咪非常熟悉,因此常常在治疗和护理中把自己的想法整合进去,这可能会引起医生的不满。例如有一位家长提到自己跟医生之间的微妙关系:"每次医生开药后,我问这个药是干什么的,他就说你问这干什么,回去吃完就行。其实医生最不爽我的,就是他的药方我都会自己摸索着改一下,或者类似症状我就按照他的思路自己解决了。"

这里医生用一种回避,也可以说是居高临下的态度,想要维持自己的权威,但他们有时也不得不承认,家长的看法有其道理,

① Andrew Gardiner, "The Animal as Surgical Patient: A Historical Perspective in the 20th Century", *History and Philosophy of the Life Sciences*, Vol.31, No.3/4, 2009.

应该将其考虑进去。例如这位家长跟医生之间的故事："大宝住院头三天吃得很香，第四天开始拒食。医生奇怪，说一般都是住院初期不适应不吃饭，过两天习惯了，你这个进来头三天吃得可香了，第四天不吃了，不吃饭有问题，得查啊。两周还是不行，我接回家还是不吃，还得鼻饲，水也不自己喝。没过几天复查，我就一直表达，觉得是情绪问题，医生开了抗抑郁药，吃了第二次就喝水了，第三次就吃饭了。"

单个家长确实了解案例有限，但家长之间会互通信息，提供建议，弥补个体经验的不足。例如有人提到，自己的猫有过度舔毛的问题，群友就提供了意见："说一下我对猫过度舔毛的理解，这个行为如同孩子吃手指，咬指甲，往往是孩子焦虑不安的时候采取的一种自我安慰，说明这只猫缺乏安全感。"然而医生并不如此看，家长说："我再跟医生聊一下看看。我之前跟他说过两次开抗抑郁的药，医生说咬毛的行为可能是很多原因导致的，现在没法确诊，所以一直没给我开过抗抑郁药。"对于糖猫护理，也有群友反映，医生对糖猫群的态度比较轻蔑："他还看不上咱们这个群，觉得咱们都是二把刀，瞎支招。我说我们这提供情感支持，您这提供技术支持不挺好，他就撇我开始抽烟。"

由于宠物医生跟人类医生一样，以男性为主（护士则是女性居多，这也跟人医院一样），有的男医生可能有性别刻板印象。例如群里不少人反映某宠物医生对待不同性别的家属态度不同，似乎更愿意跟男性沟通："你要是带男的去，他就不跟你说了，嗯，就是这样。派男的去沟通摩擦就少，他觉得跟男的能说明白。其实有的男的自己都不操心这些，说了可能反而白搭。"他就是觉得跟女的无法沟通，跟男的才能说明白。我爸跟着去的，后来就一直跟我爸交代。"然而，去宠物医院看病的家属主要是女性，这就造成了沟通上的不畅。

目前，医生主导的医患模式在糖猫治疗中遇到了很大挑战。一个重要的原因是，国内动物医疗界在这一领域的工作相对滞后。笔者在知网上以"猫糖尿病"为主题进行搜索，发现仅有30篇相关文章，时间从1996—2022年，平均一年才一篇多，且质量一般，远远跟不上临床治疗和护理的实践。很多一线医生、宠物家长于这方面的探索在这些文献中都未能体现，可以说，阅读这些文献对了解当下糖猫的治疗帮助不大，甚至可能造成误解。这就使得一些交流机会不多、在相对闭塞地区的宠物医生，接触到猫糖尿病后一筹莫展，不少家长在宠物确诊糖尿病后也深感就医困难，找不到合适的医院和医生。例如糖猫孙小咪在就医时，就遇到了这样的困难：

糖猫孙小咪的家长（广西桂林）：我们这里是小城市。第一家医院，医生没有这方面经验，在喂食照顾这块没有跟上，还好没有并发脂肪肝。转院后的医生相对有经验，护理照顾比较好，这是把命捡回来的原因之一。孙小咪用的胰岛素是诺和灵，转院的医生一开始就用这个，因为控制蛮好就不建议换别的胰岛素，第一支是医生帮买的，第二支就自己到药房买了。

　　然而，就医难的现象并非只在小城市出现，在一些大城市如上海、天津、广州也都不同程度的存在。多数宠物医院都以外科见长，擅长治疗糖尿病的医生本就不多，还未必正好就在家长可以方便前往的地方。而且，由于猫咪的个体差异性大，有的猫去医院就应激，在医院调糖的效果总是不好。这些困难让不少家长为之沮丧，同时也激发了其中一些人的潜力。如果医生都没法给出更好的建议，医院也不能帮助我们的毛孩子，那就只能是我们自己来了，我们自己制订治疗和护理方案，来拯救我们的毛孩子！

　　新发布的《2021IDF全球糖尿病地图（第10版）》显示，中国是世界上糖尿病病人最多的国家。据媒体报道，最新统计数据显示我国成年人的糖尿病发病率为12.8%，这个比例是非常高的。因此许多家庭中都有糖尿病患者，也有常备药物，糖猫的治疗往往参照人的治疗方案来尝试，但这不一定成功。例如糖猫俏俏的早期控糖就失败了，家长这样介绍了这段经历："（俏俏）在2022年3月时出现了明显的多饮多尿症状，尿团出奇地大，可能是正常猫的十倍。因为我妈妈有糖尿病，有些经验，于是她便决定带他去做体检，然后他确诊了糖尿病。最早想用人的糖尿病口服药减量来控糖，服用了二甲双胍，每天1/4片，但几天后症状并未减弱，俏俏还出现了药物副作用，开始恶心呕吐。"尽管这次探索失败了，但尝试口服药并非宠物家长的突发奇想，笔者在网上搜索相关信息时，曾注意到有宠物医生尝试过这种方案，效果也不好。

目前，一方面，由于宠物医生大多学有专攻（如上所述，多以外科见长），对猫糖尿病的了解和治疗实践均有限；另一方面，基于互联网技术的发展，宠物家长可以在网上找到并学习很多相关的猫咪控糖知识。如果家长有语言优势（如英语），找到的资料就更多了。在这种情况下，宠物医生与家长之间的知识与技能差距在缩小。如果宠物家长不满意医生的诊疗方案，双方合作就结束了。访谈中的好几个例子，都是家长最终放弃了跟医生的合作，根据网友的建议自行在家调糖：

糖猫俏俏的家长（上海）：（俏俏送医后）开始接受胰岛素治疗，一开始打的是甘精胰岛素，但每天曲线是一个 V 形过山车，上上下下，不平稳，猫咪非常不舒服，没有精神，多饮多尿症状也无改善。我查阅了一些平台，发现有种新胰岛素叫德谷，但宠物医院并不赞同使用，说是还缺乏临床数据。抱着死马当活马医的心态，我进入了糖猫群，找到了治疗糖猫非常有经验的皮皮……

糖猫大白的家长（天津）：来得时当时是宠物医生建议的，德谷则是在网上查询资料＋网友建议的。对于糖尿病的护理，医生主张吃处方粮，打针维持血糖，我更倾向于停针吃无谷罐头。后来我就放弃去医院了，自己在网上学习。我觉得在宠物医疗上，天津的收费并不低（相比较当地的收入水平），但是各种理念和治疗方法，还有很大的提升空间。

糖猫佐罗的家长（广东中山）：出院后我就换了德谷（本地海王星辰药店随时能买到），给它装了雅培瞬感，在网友帮助下打了约半个月成功停针了。本地医院没有用德谷的经验，用甘精的经验也不足。佐罗在瑞鹏住院时第一天给打了门冬胰岛素，血糖居高不下，第二天医生又让换了甘精，医护只会用笔管直接打①，剂量只能每次一单位地调，不是不足就是过量。

笔者在调研中发现，糖猫的医患分歧主要有两方面。一个是关于饮食的，医生多建议吃糖尿病处方粮（如皇家糖尿病处方粮），但猫友多建议吃无谷主食罐头，或者是自制，比较下来后者更有利于血糖的稳定；一个是关于胰岛素的，医院的主流治疗方案是甘精胰岛素（来得时），近年来德谷出现后，许多猫友建议用德谷胰岛素，认为注射德谷后血糖更稳定。这就使得不少猫咪在住院期间和出院后，要经历一次饮食和药物的更换，不但给家长

---

① 即用胰岛素笔注射。胰岛素笔的最小刻度通常是 1 个单位，无法进行更小剂量的微调。由于猫的体重轻，需要胰岛素的剂量很小，因而最好用一种有更精细刻度的胰岛素注射器，但这不是每家宠物医院都有的。

带来不便，也给猫增加了额外的风险。

从国内外糖猫的临床治疗和护理实践来看，糖猫的治疗方法跟人类越来越接轨。最早还有宠物专用的胰岛素健宜宁（Caninsulin），后来基本是直接用人类胰岛素了，而且更新很快。如之前以甘精胰岛素为主，近年来则换成德谷胰岛素。在笔者2022年发起的一个糖猫护理调研中（仍在进行），目前使用德谷胰岛素的家长比例提升到64.71%。要知道，德谷胰岛素是在2017年才获批进入国内的，刚一进入，就有人在尝试给猫使用。与此类似，2021年可一周注射一次的司美格鲁肽获批进入中国后，2022年就有糖猫家长开始尝试。有人在豆瓣糖猫小组咨询："猫咪糖尿病可不可以用司美格鲁肽？"另一位家长回复："我已经开始给猫用了，第一周只打了一个单位，血糖跟平常没有什么区别，明天第二周，打两个单位，会上个瞬糖仪看看。"不过这次尝试不太成功，家长后来补充道："这个打了完全不能降血糖，猫到点就升，仍然需要每天打两次德谷。"当然，个例并不说明这个药物就不适合猫，因为猫的个体差异大，而很多新的治疗方案就建立在这样一次次的反复试验中。

在仪器使用方面，很多糖猫家长是在医院学习到一些基本操作，回家后再自行摸索，有的则是全部从网上学来的。不少家长的学习能力都很强，且敢于尝试新办法。比如有的宠物医院教的是用采血针扎出血，家长回来后自己学会用采血笔，并通过使用和比较，发现日本泰尔茂的采血笔痛感最轻。至于扎的部位，则需要根据自家猫的接受程度，多数是扎耳朵，有的可以扎脚垫。近年来，不少糖猫家长与时俱进，用上了动态血糖仪，这个实践甚至还走在了许多当地宠物医院的前面。例如2021年一位家长在群里求助："最近买了'瞬感'（动态血糖仪），但是辗转了几家医院，医生们不会安装，想请教各位，瘦猫安装需要注意什么？"大家群策群力，介绍自己的经验，也找网上的资源发给她，最终成功地给猫安装好了。

胰岛素注射是另一个难题，如前所言，困难在于所需的量非常少，因而给人使用的胰岛素注射器和胰岛素笔都不太适用。最早大家用得多的是一种国外的儿童胰岛素注射器，有0.5单位的刻度，但该注射器并没有正式引入国内，价格不菲，进货途径不详。笔者曾打电话询问这个品牌的国内公司，是否可以正式引进（这样价格会大幅降低，成为平价商品），然而对方听说是糖猫用，认为需求量不大，对我们没有兴趣。后来国内也有这种针了（国内的厂家制造），淘宝就有售卖，但针比较粗。现在还有一种新出的儿童胰岛素注射器，从0.5单位刻度开始，可以按0.1单位进行微调。糖猫群有人买来尝试，发现打针时会出现咔咔的响声，且需要停留约20秒，觉得不太好用。最近，"瞬知PMP100"宠物用穿戴式胰岛素泵被研制出来，据称是全球首创的宠物用穿戴式胰岛素泵产品，支持七天一次扎针，七天持续穿戴，和微量胰岛素精准输注，正在招募试用者，我们群里已经有多人报名。

整体来看，相关行业对糖猫家长需求的关注仍然不够。例如在购买胰岛素、胰岛素注射器、血糖仪时，大家经常不得不掩饰自己糖猫家长的身份，谎称是自己用或者家里人用，避免麻烦，因为商家知道后，往往会告知你这是人用的，不建议购买，如果出现售后问题，商家也可能因此拒绝。而如果这些需求一直不被看到，我们面临的问题就难以解决。比如胰岛素的生产商不会生产小剂量产品，常见的胰岛素多为 300 个单位，许多糖猫要用好几个月，而药物有效期又只有 4 周。胰岛素注射器是类似的问题，糖猫的胰岛素用量往往比儿童更少，需要更精确的注射器。普通血糖仪所需血量多，宠物血糖仪价格贵，动态血糖仪没有宠物款，用起来各种不便。这方面的诉求要如何提出，向哪里提出，仍是一个悬而未决的问题。

现在，医患之间的分歧导致不少人放弃了宠物医院，自家糖猫的"主要治疗方案和实施都是靠在网上得来的信息"，逐渐形成了官方（宠物医院）和民间（糖猫家长）的两套体系。许多家长只在糖猫初次发病以及出现酮症，怀疑有其他并发症的时候，才去就医，调糖基本是在家自己来。在一些小城市，医生经验不足时，可能初次发病都是家长自行上网学习后开始治疗的。这样的分裂长期下去，对于医患双方来说都有不利影响。理想中的医患关系是共同参与，医患有近似的同等权利，双方共同协商和决定治疗方案。近年来，不少人类医院提出要以患者为中心进行改革，目标是为患者提供更好的医疗服务。在具体方案上，医院提出让患者参与进来，比如让患者参与临床治疗方案或与疾病管理密切相关的其他临床决策。笔者以为，宠物医院可以参照这些举措做出一些改进，与糖猫家长加强沟通，将他们的实践和经验融合进医院的诊疗、护理中来，建立一种以合作为主的新型医患关系。

这种模式并不局限于治疗方案，也包括管理制度，如何更人性化、更符合宠物和宠物主人的需求。例如目前许多宠物医院都对探视有规定，通常是每天主人只能探视一次，每次不能超过半小时。大米刚住院时，我们去的第一家医院还没有这样的规定，于是我就成天陪护在病房，但是据说等我一转院，这家医院马上就出台了类似规定。而大米转去的那家医院，早就有这个探视规定了，只不过没有非常严格地执行，我每次去会尽量拖一点时间，多陪陪米宝宝，让她稍微舒服一点，知道妈妈并没有不管她。在医院住院，是一个完全陌生的环境，猫被关在一个狭小的笼子里面，周围是不认识的患猫、护士和医生，动不动要被抓住打针、测血糖、塞饭，我想她是有些痛苦的。

医院认为宠物主人的长时间探视，不利于宠物适应医院的环境，对康复没有好处，这说法是否有科学依据不清楚。不过在探视中我发现，那些长期无人探视的宠物会情绪低落，有一次，我抱起一只很亲人、在我身边蹭来蹭去、似乎被主人遗忘（她早就可以出院了，但主人一直没来接）的小猫，轻声按摩、抚慰它。我想，这些管理制度可能动机有好的一面，如让宠物尽快适应医院；但忽略了另一方面，如宠物需要主人的抚慰，当然主人自己不来是另一回事。如果规定的出台不只是单方面由宠物医院制定，能在一定程度上倾听和采纳宠物主人的意见，对宠物的康复应该是更有利的吧。

近年来，家庭照护的重要性逐渐为人所知。2020年凯博文的《照护》一书在国内翻译出版，其中提到，医疗实践只是更广义的照护实践的一小部分①，医学在传统意义上把照护置于其临床实践的核心，可经历了过去几十年的发展，照护在医生的实际工作中已经变得越来越边缘化。② 对于医务人员和患者家人来说，两套完全不同的价值观在发挥着作用。在漫长的疾病旅程中，患者家人会生活在一个由希望、沮丧、疲惫和照护工作所编织成的日常世界里，他们会在私密且具体的层面上，分享患者所经历的一切状态与需求。而医务人员呢？相比之下，他们只会在某些非常短暂的、非常破碎的临床上的时刻，才会进入患者的那个世界。③

造成这种现象的根源之一，是医疗体系的逐渐专业化。(医生)不得不在那种专业价值体系内工作——这种价值体系极大地限制了他们所能提供的照护。④ 在我们的医疗卫生体系中，对于疾病背后的人性故事的忽略，已经成为一种地方性的"流行病"。医务工作者在临床实践的智慧与情感的想象力上所表现出来的失败，其实是一种道德上的失明症。然而，(照护者)需要得到医疗卫生

---

① ［美］凯博文：《照护：哈佛医师和阿尔茨海默病妻子的十年》，姚灏译，中信出版社2020年版，第107页。
② 同上书，第232页。
③ 同上书，第221页。
④ 同上书，第223页。

系统的支持，医疗卫生系统也需要看到照护与患者背景的重要性，并将其置于优先地位。[①]

　　凯博文提到的这些问题，在糖猫的治疗和护理中也普遍存在。目前，医务工作者和照护者之间的合作非常不够，主要是双方在不同的价值体系和情境中生活，但两者之间的鸿沟并非不可逾越。一方面，在调研中，笔者发现女性医护人员跟糖猫家长的沟通往往更通畅，因为不少女性医护本身也是爱猫者、养猫者，有些也自我认同为猫妈妈的身份，她们更能理解宠物家长的心情，对家庭照护也比较了解；另一方面，有些家长因为关心毛孩子的健康，会发奋学习相关知识，对一些猫常见疾病的治疗和护理都有深入认识，其中少数人还努力往专业方向发展，如有人去考了执业兽医，还有人开了宠物医院。

　　在国内，许多人对伴侣动物的了解不够，对于治疗和长期护理宠物的行为知之甚少，笔者就常遇到对此表示惊诧和不理解的言论。然而，家庭照护跟我们每一个人都密切相关，只有一个家庭照护（不管是照护人，还是照护伴侣动物）得到全社会承认和支持的环境中，这个社会才可能是健康和谐的，其积极意义还不限于促进医患关系的重建。凯博文曾提到，照护与激进的自由主义观点形成了完全的对立，而激进自由主义在我们这个时代早已广为流传，影响深远。但那种"人人为己"（认为尊重个人权利与

---

① ［美］凯博文：《照护：哈佛医师和阿尔茨海默病妻子的十年》，姚灏译，中信出版社2020年版，第224页。

需要比关心更大的社会利益更重要）的社会心态根本就是错误的，而且与社会的实际运作方式及我们每个人的生活方式也并不相符，这种心态创造出了某种极为贫乏的、危险的、扭曲的价值取向，而有关照护的观点则能改变我们对于社会治理、经济关系及社会安全的思考方式。①

第五节　糖猫家长网络社群：互助的局限性

在人类社会，不少患者及其家属建立了网络社群，但其重要性尚没有被充分认识到。例如聂静虹一方面承认新媒体已成为病友获取社会支持的最主要途径，在病友生活中扮演了越来越重要的角色；另一方面又认为，病友论坛的主要问题是需要得到专业人士的支持。其实，这两种说法是有矛盾的。他对中国最大的糖尿病论坛——甜蜜家园糖尿病论坛中的分论坛糖尿病妈妈进行研究，发现病友有强烈的信息支持需求却得不到满足，且提供信息支持的帖子具有高关注度、低响应度的特征，因此认为具备专业知识的医护人员是线上信息支持提供的主力军，政府相关部门应为医患双方的线上沟通建立良好的机制，这对于疾病的治疗、病人的福祉以及缓解当今中国严重的医患矛盾均具有意义。②

---

① ［美］凯博文：《照护：哈佛医师和阿尔茨海默病妻子的十年》，姚灏译，中信出版社2020年版，第251页。
② 聂静虹：《病友网络社群的社会支持与信息流动——以"糖尿病妈妈"论坛为例》，《学术研究》2018年第1期。

笔者则认为，如果论坛中网友的信息需求没有得到满足，那主要是论坛管理的问题，是版主、站方要如何改进工作的问题，请医护人员过来解答一些专业问题最多是改进措施之一。其实，一些知识较全面的病友对很多问题都可以解答，不见得需要专业人士。且没有面诊，就是专业人士也不可能在网上做出诊疗，大多是就常规问题给点建议。而请医护人员入驻，还可能带来负面效应，比如医务人员常来，大家可能没法再坦诚自己对医院的某些看法。如果我们承认民间病友的自助交流论坛和医患的线上沟通是两个不同领域，那前者存在的问题，就不可能通过引入后者得到解决。

2016 年，大米确诊糖尿病后，我在网上寻找相关信息，发现资料尤其是中文的资料很少，因而萌生了建立网络社群自助、互助的想法，通过一番努力，分别建立了名为"糖猫猫"的微信群和名为"糖尿病猫咪"的豆瓣小组。目前两个网络社区各有三百多人，且一直在增长中。其中微信群比较活跃，询问在大多数时候可以得到比较及时的响应，缺点可能是有时聊天的太多，求助信息易被忽略，以及很多人咨询的问题都差不多，需要反复解答，好在群友多，倒也不是很繁难，并且许多人都保存了一些资料，只要及时拿出来往群里投放一下，也就可以了；豆瓣小组的人虽然更多，但互动少一些，有时不能得到及时响应，但优点是求助信息不会被掩盖，且资料帖、文献帖的保存更为便利。

两个网络社区的人都以女性为主，多数女性认同为糖猫妈妈，也可以说是一个以糖猫妈妈为主的网络松散社群。目前的管理模式是无为而治，网友互助交流。比如微信群，每次进来新人询问，谁都可以回复，提供相关的资讯、个人经验和建议，但具体的治疗、护理方案则需要每个人自行判断、抉择。其他基本没有什么规定，如糖猫群的入群公告就写得很简洁："本群是糖尿病猫咪家长交流群，无关人不要加。请大家入群后修改下昵称，标注下自己的所在地，便于交流信息。请尽量发相关信息，谢谢。"网上这样的糖猫社群还有一些，我们这个社群并不是主要指导糖猫治疗和护理的，而是以交流为主。有些群以指导为主，群里有指导者（群主、资深群友），新人进来之后接受指导，如打什么胰岛素，打多少，怎么打等。有的群不允许对指导进行质疑，不听话的群员可能被踢出群组。

由于比较宽松的管理模式，虽然我们群里也发生过几次争吵，但大体上比较和谐。从发生的争执来看，主要是因为在平时的聊天中，形成了一种相对主流的治疗护理方案，如果他人（尤其是新人）对此表示怀疑（因为这个方案跟医生或自己的判断有分歧），就容易受到排斥，甚至指责，因而产生争执。所幸在发生争执的时候，有不少人表达了类似这样的意见，即不要将自己的想法强加于人，即使认为自己是出于好心："人家觉得怎么对猫好，就怎么来，大家给出自己的建议，都是经验之谈，没有谁的意见大过谁的意见。""好心劝人家不踩雷，别人有自己的考量，就不要阴阳怪气。""帮人是好事，谁也不想操心。但是不能走极端，但凡意见相左就攻击，这是不对的。"

理想中的糖猫家长社群，应该是大家平等交流，但现实中往往做不到这点。某些人在具备了更多话语权（如在某一方面有更多经验）后，也可能变成一种不平等的交流方式，类似于"意见领袖主导-群友接受指导"的模式。这种模式容易在社群内外引起纷争，这是需要警惕的。当然，希望大家平等交流，并不是说治疗、护理方法完全没有对错之分，所有人的经验一样有效，如果是更好的方法，多数人行之有效，在讨论时就能潜移默化地感染其他人，而一味要人听话照做，不听的就讥讽指责，倒反而可能激起逆反心理，起不到效果。即使某个人真的是错的，那把她踢出群去，她也就失去了改正提高的机会，所以只要没有单方面攻击他人，我会尽量让新人留在群里，因为她们往往是更需要这个群的人。

另外，患猫有个体差异。一种方法即使对 80% 的患猫有效，也不能得出结论就 100% 有效，所有人都应该照此操作。糖猫家长与猫朝夕相对，能观察到一些细微之处，因此产生的直觉（无法用逻辑表达，但不一定就非理性）未必就是错误的。我们希望医患关系往更平等的方向改变，希望医生能在诊疗中更多听取和吸纳患者及其家属的意见，但如果患者家属自行构建的社群，又重新变成一种主导-配合的模式，不是重蹈覆辙了吗？笔者以为，一个更开放的社群，在整体上对糖猫的护理更有益。群友从中更多得到鼓励，而非要求和指责，因此她们也更敢于发表不同意见

（即使有些言论是错的，也可以从试错开始、互相订正），更愿意尝试，并能根据情况自行调整和修订护理方案，从而提升其护理能力。因此，我主持的糖猫微信群、豆瓣小组以分享为主，而不做指导，但我不反对其他有精力、有能力的人，自建社群为有需求的人提供指导。我们群也可以兼容指导模式，只要被指导者愿意接受，没有引起其他争议。如果引发争议则可能介入管理，重申平等交流、求同存异的原则。

目前，对于互联网的社群研究大多比较乐观，如张培培的研究认为，互联网社群已经成为一种新型人际关系、组织形式以及商业模式。互联网社群的发展在未来可能会产生多重影响，社群商业模式成为常态，发展出一种不同于工业时代的新群体合作形态，展示了未来人际关系改变的可能——人与人更平等、自主、人性化的关系。[①] 这可能有点理想化了，事实上，网络社群成员的关系到底如何，跟社群管理者、意见领袖、社群活跃者有很大关系。而这里提到的社群商业模式，在糖猫妈妈社群中也有一定的体现。我们微信群里面基本没人发广告，但群友间推荐商品则很常见，不限于医疗护理，包括毛孩子的日常生活方方面面。可以说，互相推荐商品、讨论商品优劣已成为社群的一个日常议题。

在这些讨论中，有意无意地筛选出了一批活跃网友，也就是

---

① 张培培：《重回"部落"？——互联网社群兴起的原因及其可能意义》，《东岳论丛》2017年第12期。

有能力进行这类消费的网友。在一次跟朋友聊天的过程中，她提到自己所在的某个网络社群非常中产精英化，群友生活各种"高大上"，自己在其中感觉不适应，我当时就想到了自己的糖猫群，也有类似的感受。我们糖猫群的成员多是中产，比较活跃的猫友大多生活在一、二线城市，从日常讨论购买的猫用品来看，大家的生活水准不低。

当然，这并不是说我们就没有经济上的困扰，在我发布的糖猫护理调研（参与者多来自该群）中，33.33%的人都认同"经济压力较大"，比例超过1/3。访谈中，有好几位家长提到经济问题。如糖猫大白的家长介绍了平时护理的费用："糖猫每个月吃喝用＋药物，如果再用瞬感（动态血糖仪），每个月消费在1 200元左右，现在停针后是每个月吃喝在800元左右。大白主要吃德国无谷罐头，一天4顿，一顿50克，间隔6小时左右。常吃的是小李子＋满满兔和满满火鸡，也在尝试买有力量兔罐头。单纯吃喝还可以负担，但是医疗费用较高。如果入院检查治疗，预计每次是5 000元打底，没有上限。"群里也有猫妈吐槽，护理糖猫比养个孩子还贵："我一只猫，现在检查＋药＋吃的＋用的打底两三千元，压力巨大啊！堪比养一个娃，现在家里一个读大学的娃生活费还没他花得多。"

糖猫发病后，治疗费用大多不便宜，尤其在住院期间，好一点的医院每天住院费都要几百元，打针、吃药、手术、护理还另算。糖猫的饮食调整，从猫粮换到罐头，价格通常翻倍还不止。

另外，由于日常护理的繁重，家长往往疲惫不堪（调查中选了此项的糖猫家长占61.11%），难免影响工作，导致收入减少，有的还被迫辞职。此外，还有各种相关支出。比如在确诊初期、猫咪血糖不稳定时，有家长因为上班路途远，照顾猫咪不便，在单位附近另外租房，这又是一笔较大的支出。购买各种相关商品，花费也不低。例如糖猫俏俏的家长买的各种智能喂食机器，糖猫用的是湿粮自动喂食器，买两个可满足八餐制的需求 ①，还有给非糖猫（仍吃猫粮，不吃罐头）的专用喂食器，通过佩戴芯片的方式，可设置成只对非糖猫开放，避免糖猫偷吃。这些智能机器在一定程度上减轻了主人的负担，但其价格往往不菲。

从这个角度出发，我们可以看到糖猫护理中有阶层议题存在，不同阶层的人，护理方式也不同，较底层的人最有可能弃疗。越是在中下层，糖猫护理人（多为女性）得到的支持就越少，家人有更大概率不同意对宠物进行治疗，这导致她不但缺少经济支援，也缺少操作上的帮手。2016 年，我在刚开始学习糖猫护理时，还没有建立自己的糖猫社群，而是加入了另一个糖猫群。这个群的猫友也多是大城市中产白领，后来群里来了个小地方的猫妈，她所在地区没有能看糖尿病的宠物医院，家人也不支持治疗，因此她只能一个人，根据群友的建议在那独自摸索。有一天，她讲自

---

① 八餐制就是每天吃 8 顿，每隔 4 小时一餐。糖猫少食多餐，利于控糖，可以让胰腺有足够的时间休息。这种智能喂食碗可设置成每隔 4 小时开启，但因为只有 5 餐的设置，所以需要买两个才能满足 8 餐的需求。

178

己给猫打针，为形容自己的技术很差，把打针说成在拉锯子，于是遭到了几个群友的嘲讽。她自己不以为意，旁观的我却很是难受了一阵。

关于那个糖猫群，我写过一篇公众号文章，表达了一些粗浅的看法，大致如下：

这里几乎没有人说自己的猫在喂处方粮，我想并不是没有而是不敢说，因为一定会遭到抨击，叫你马上换成好的罐头。即使有猫妈说自己每天只吃几块钱的饭食，她们也觉得应该供给猫一天二十块的进口罐头，这种建议的合理性在哪里呢？

还有血糖仪。有猫妈说自己的血糖仪好像不太准，就有人反复叫她去买进口血糖仪。可如果收入不高，首先要考虑的是试纸价格，说白了就是应该买便宜的仪器，因为你不是有钱人。还不说猫，多少人得了糖尿病都用的低端血糖仪，廉价胰岛素（我最近看了不少糖尿病人的论坛），甚至有人采血针都扎上几周才换，还有人买不起血糖试纸，至今还在用廉价的尿糖试纸来测尿糖。[①]

希望自己的猫得到很好的照顾，愿意克扣自己来照料她，这没有问题，但不能以此来要求别人，而且在别人明确表达了经济困难的情况下，还要一再推荐相对昂贵的食品和仪器，是一种缺乏基本共情的表现。从深层次来看，可能也是常见的阶层差异。

---

① 尿糖试纸非常便宜，也便于操作，但由于无法测到即时的血糖，大多只用来作为一种辅助的检测方式。

正如许多中产阶层妈妈们在那义愤填膺地指责农村人扔下孩子成留守儿童是不合格的父母，而完全没有认识到这不完全是他们的责任。

当然，我不是说较低阶层的照料方式是对的，她们的照料方式确实更有问题，她们更容易发生疏忽，更想要省钱、省力，基于她们自己窘迫的生活方式带来的影响。我以为我们应该对此多一些理解，多一点耐心，从更契合对方的实际情况来提出建议，而不是一味高高在上地冷嘲热讽，这本身跟低阶层人的"愚昧"一样糟糕。

然而，六年后的今天，从这个角度来审视我自己的糖猫群，类似的问题依然存在。例如每次有新群友进来，大家纷纷推荐动态血糖仪，同时还要购买宠糖仪（宠物专用血糖仪，也不便宜），用于比对血糖数据。群里经常可以看到对新科技的赞美："动态血糖仪解放了我们的双手，这太棒了！"可是对于穷人来说，并没有机会享受到同样的自由。当然，我们无法了解新群友的经济条件，建议是基于自己的情况做出的，并非故意为难，而经济收入涉及对方隐私，也不应该公开去问，但这也就带来了另一个问题，那就是这些建议可能对她不适用，如果建议超出了家长的能力，会不会反而使得她望而却步，放弃了治疗和护理呢？

我想，中下阶层的女性，她们或者也曾经来过这个糖猫社群，但是为何没能在此发出自己的声音？她们是默默退出了，还是

（被迫在群里一直）保持沉默？这不得而知。有时我会产生一种愧疚感，因为感觉自己的社群对她们帮助不大。同时，也产生了一种困惑感，那就是如果真有这样的人在群里出现，也说出了她的困难处境，我们要如何给她提供帮助呢？如果我们的这些经验对她而言完全不适用，她要怎么办？她能找到自己的社群进行互助吗？

第六节　糖猫妈妈与糖宝妈妈：差异与共性

大米发病后，我和许多糖猫妈妈一样，经历了一段非常崩溃的日子，一番挣扎后才过渡到稍微稳定的局面。然而，我的生活已经跟以前完全不同了，从一个相对自由的单身贵族变成了一个家庭主妇型的单身猫妈，每天的生活重心都围绕两只米的吃喝拉撒，尤其是大米的打针和血糖监测在展开，为此精疲力竭，而且往往孤立无援。深感社会支持匮乏的我，很自然地萌生出一个念头，那就是我们应该联合起来，去争取更多的资源和权利。

我建立的糖猫妈妈网络社群，主要是分享日常护理经验，做不了更多的事情。一谈起糖猫妈妈的困境，大家都有很多的苦水要倒，但说到资源和权利的争取，又感觉像是天方夜谭，完全没有方向。后来我想到一点，如果说人们参与动物权益的倡导是基于人类意识到动物跟我们一样有感知痛苦的能力，那么要让糖猫妈妈的困境被人关注到，是不是也可以借助公众对糖宝（儿童糖尿病患者）妈妈、患儿母亲的共情呢？

那段时间，为了解糖尿病的相关知识，我经常浏览国内最大的一个糖尿病论坛：甜蜜家园（http://bbs.tnbz.com），它有一个特色版块"非常爸妈"，后更名为"儿童糖尿病"，里面都是糖尿病儿童的家长，我在这里跟一些糖宝妈妈有过交流。有个糖宝妈妈住在东北，当时有一种儿童笔（用于注射微量胰岛素），国内没有引入，她可以帮大家从俄罗斯代购。我也在她那里买了一支，拿到手不会用，因为说明书是俄文的，完全看不懂，就找她咨询。她跟我解释怎么用，并且安慰我说，不要着急，我们都是一样的（糖宝妈妈）。后来我跟她说，家里不是糖宝，是个糖猫宝宝，她有些诧异，但也能理解我的心情。我想，这应该就是基于类似处境所产生的共情吧！

后来我根据在这个版块观察到的资料，撰写了一篇论文，即《糖尿病儿童家庭护理中的母职分析及建议——以糖尿病论坛中的糖宝妈妈为观察对象》。[①] 这篇文章里提到的几个观点，对于糖猫妈妈来说也基本适用。例如谈及糖宝的日常护理工作非常繁重，家长每天要（协助）完成的护理有：一是测血糖，每天5—8次，血糖不稳定时加测；二是打针，多数儿童采用"3+1"方案，即三针速效胰岛素加一针长效胰岛素；三是饮食控制，定时

---

① 陈亚亚：《糖尿病儿童家庭护理中的母职分析及建议——以糖尿病论坛中的糖宝妈妈为观察对象》，《残障权利研究》（第五卷第一期，2018·夏季号），社会科学文献出版社2019年版。

定量进食，注意计算食物的碳水化合物含量、观察升糖情况，血糖低时加餐，高时控制饮食；四是运动，每天要有一定的运动量，又不能运动过量；五是记录，记录每天血糖和胰岛素注射情况，注意观察各种影响因素。此外，还有定期的医院复查等。——可以说，除了糖猫的胰岛素注射方案不同外，其他的差别不大。

文章中分析了一些具体案例，如一位糖宝妈妈打针发生失误，导致了一场恐慌："昨天下午下班回家，给儿子打针，鬼使神差，我竟然打错量了，把早上的量当成晚上的量给孩子打了进去……一直到晚上睡觉前，忽然想起来自己是不是搞错用量了，想了很久，才想起来，是弄错了。这样的错误怎么会发生呢？太严重了，怎么办？如何补救呢？当时脑子就像爆炸了一样，低血糖……而且用量又那么大，这怎么办才好？没办法，只有一夜不睡觉，实时监测儿子的血糖了……"于是她整晚不睡，过一个半小时就测一次血糖，偏低就让孩子吃东西。

类似的一幕，前一阵就在我们糖猫群里上演了。当时是晚上，忽然有一位糖猫家长问大家："来得时（一种胰岛素）打过量了怎么办？"群友纷纷贡献经验，有建议吃东西的，有建议灌糖水的，有人问："如何知道过量了？"家长解释说，让朋友帮忙打针，结果对方理解错了，打了平时 5 倍的剂量。顿时把群友吓得不轻，因为有些对胰岛素敏感的糖猫，过量半个单位都可能出现低血糖，何况是几倍的剂量。大家建议赶紧送医，后来送到医院，埋了留置针，便于出了问题好急救，所幸并没有出事。

这种打胰岛素过量的情况，在糖猫的长期护理中并不罕见，多数慢性病护理者都有精力不济、睡眠不足等问题，因而容易出现疏漏。如果是胰岛素打少了，一般还不太要紧，因为短期高血糖造成的危害不是很大；但如果打多了，这就非常危险了，因为低血糖可能立即致命。血糖不稳定、有风险的时候，我们群里常有妈妈整夜不睡觉，不断监测血糖的走势，有的甚至一个小时测一次，特别辛苦。虽然糖猫不是糖人宝宝，但有些妈妈在这方面的付出却是差不多的。

在这篇论文中，我将糖宝妈妈的日常护理工作称为"压力巨大的密集母职加强版"。与糖猫妈妈类似，糖宝的日常护理工作也主要由母亲承担，论坛发言人中以妈妈居多，为数不多的爸爸所发帖子中，也有相当一部分涉及妈妈的护理工作。单亲妈妈的协助者多为女性，包括姥姥、奶奶、保姆、女老师、女护士，男性则更多是医生或医疗服务咨询者的角色。由此可见，糖猫妈妈和糖宝妈妈在家庭支持、社会资源方面是比较相似的。

从糖宝妈妈的各种吐槽中，可见她们生存状态之不佳。在孩子确诊的初期，多数家长都陷入了深深的自责，认为是自己照顾不周所致，尤其主要承担儿童照护之职的母亲，内疚感更深，严重的甚至有自杀倾向。糖猫妈妈的压力通常没有这样大，但也相当严重，尤其在糖猫初次发病、猝不及防的时候，情绪崩溃的情况比较多见，有的糖猫妈妈更是陷入了深深的抑郁之中。在糖猫群里，互相安慰、彼此打气是重要的讨论主题，这能缓解一部分精神压力，但现实中的支持也是非常关键的。

目前，由于职场对承担长期家庭护理工作的人并不友好（如弹性工作制的缺乏），往往是母亲（由于职场歧视的存在，她通常收入不如丈夫高）被迫辞去工作，在家全职护理，那些无法辞职的女性则可能通过更换到较轻松的工作岗位、对工作更少付出来兼顾日常护理。母亲更多地放弃事业，除经济考量外，也有传统性别角色的影响。在男权社会，母亲更多地承担育儿工作，与此重叠度较高的家庭护理自然被视为母亲的职责所在。不少研究指出，当下中产阶级育儿的模式是密集母职，即以孩子为中心、专家指导、情感投入、劳动密集及花费高昂，这种模式中母亲是孩子成长和发展的主要责任者，孩子的需要优先于母亲的需要。而糖宝妈妈要承担的是密集母职的加强版，其付出往往是普通家长的数倍以上，它意味着无止境的学习（各种不断更新的控糖知识）和持续不断的时间与精力付出。然而，由于糖尿病儿童的血糖难以做到与正常儿童一样，这就意味着无论你如何拼命，你都依然是一个不合格的母亲，这简直要叫人崩溃。

这些论述对于糖猫妈妈来说，基本也都成立。如果说有区别，大概是糖猫妈妈获得的支持通常更少，因为其他家庭成员可能对猫没有这么深的情感，从而不太支持长期护理，糖猫妈妈更可能处于孤军奋战的处境。另一个区别则是，她所承担的舆论压力会相应小一些，比如家人既然不支持，那对于护理中出现的错误、纰漏，通常也就不会责难。与此相应，社会舆论的压力也小一些（社会支持则可以说完全没有），因为公众通常认为妈妈以孩子为中心来生活是理所当然的（当一个糖宝妈妈为了护理孩子而辞职时，论坛上有人赞美她是伟大的母亲），但是以毛孩子为生活中心的做法，却有些离经叛道的意味了。

在这篇论文中，我还探讨了中外的差异，比如为什么中国妈妈会更累？她们往往比西方国家的妈妈更为辛苦，其中一个重要原因就是中西育儿理念的差异。甜蜜家园的论坛上有一个"赴美就医"的热帖，某家长讲述自己带小孩去美国看病的经历，提到在医院检查后，医生给出的评价是这样："他说你的控制已经是非常好的，超过了美国95%的人的水平。"要知道，这个结果是在没有使用胰岛素泵（只是打针）、也不用动态血糖仪的情况下获得的，可见这位家长为此付出了多么艰辛的努力。

这个帖子中，家长分享的美国经验包括："家长的责任是教会孩子自己学会管理好血糖，而不是代替孩子做；美国的孩子相对自由，通常没有太多的饮食控制，父母也远没有我们中国的父母尽职。"从中可见中美育儿理念的差异，简而言之，中国的家长多是包办式，对小孩的控制很多，尤其对糖宝的监控很严，血糖控制情况因而也相对理想。但是，这种过度控制给小孩造成了很大压力，以至于论坛上有糖宝跑来吐槽自己的家长太苛刻了，希望他们对自己不要有太多的控制。

中国家长的育儿模式中存在控制太多的问题，这是学界的一个共识。例如黄超（2018）的研究就发现，当前中国家长对子女的教养方式以沟通较少的专制型和忽视型为主，二者占比约75%①。从论坛发帖来看，中产阶级糖宝家长的育儿模式比较专制，为子女包办（控制）一切。笔者的观察则发现，糖猫家长也有类似倾向，如前所叙，有的糖猫妈妈给毛孩子长期佩戴动态血糖仪，对饮食进行严密监控，这种方式给毛孩子带来很多压力，也招致一些毛孩子的反抗，绝食是比较常见的反抗方式，群里很多猫妈都有孩子不吃饭的苦恼。

然而，我们真的能减少控制、对糖猫宝宝放松管理吗？这糖猫毕竟不是糖人宝宝，它们永远长不大，不可能培养出自我管理血糖的能力呀。笔者在网上搜索、浏览国外猫友控糖经验时，发现一些外国人的猫是散养的，尤其住那种独栋带小花园的家庭，主人在一段时间跟猫的磨合后，猫学会了按点回到房间，找主人测血糖、打针、吃饭。而在笔者的糖猫群中，也有不少人提到自家猫咪到点就来找主人，有的猫咪还自动趴在主人平时打针的地方，这说明至少有一部分猫咪有一定的自我管理能力，也许主人确实应该在这方面有所反思和改进。

关于在长期护理中，如何减轻糖宝妈妈的压力，我在这篇论文中提出了一些建议，其中一部分内容也适用于糖猫妈妈，大致包括：一是提升性别平等意识，鼓励其他家人参与糖尿病儿童的

---

① 黄超：《家长教养方式的阶层差异及其对子女非认知能力的影响》，《社会》2018年第6期。

日常护理，更平等地分担日常护理工作；二是增强社会支持体系，如鼓励用人单位向需要承担家庭护理责任的女性提供更灵活的工作方式（而不是将其辞退），减少其家庭的经济压力，增强母亲的经济独立性；三是完善社会保障体系，这条如何对糖猫妈妈适用，目前可能会有争议，笔者想到的是，是否可以建立一些公益基金，对那些有意愿对糖猫进行治疗的贫困家庭，经过评估后给予一定的生活补贴等。

当然，笔者并不认为糖宝妈妈和糖猫妈妈面对的困境是一样的，更无意于比较哪一种处境更艰难，将两者相提并论，是希望大众能借此意识到，如果你能理解糖宝妈妈的无助和痛苦，应该也能理解糖猫妈妈的类似处境。从这个角度，让更多人了解家庭护理者（母亲）的生存困境，呼吁社会提供给她们更多的资源。诚然，人类的悲欢并不相通，但很多时候我们可以产生共情，并通过这种情感激发出的能量，找到支持者、合作者，共同来做出一些改善，让这个社会变得更美好一点。

第五章　宠物让城市生活更美好

　　养宠者的增多与城市的飞速发展、城市中个体的不安全感增加有密切关系。研究者认为，市场经济兴起，社会流动性加强，传统强关系纽带下的社会组织如家庭、工会逐渐衰弱，造成的后果是个体面临着高度的现代性风险，并充满着对不确定性的焦虑，同时更难从原有的稳固社会关系中获取亲密关系的支持和帮助。这就使得个体转向宠物，通过从宠物那里得到的情感来弥补亲密关系的缺失。在人与动物关系的研究当中，胡文波在"澎湃新闻"发表的《"铲屎官"和"主子们"的前世今生》中认为，相比于人与人之间的交往，宠物更适合成为倾诉以及被需要的对象，因为人际关系可能更复杂，而宠物能够提供无条件的爱，人类无需担心动物对自己的忠诚。

　　养宠物是城市人的情感寄托，这点笔者是认同的，但说到宠物能提供无条件的爱，人类无需担心动物对自己的忠诚，就是一种误解了，至少宠物猫并不在这个范畴。人和宠物之间的感情是需要培养和维护的，即使人类付出很多，也未见得就能得到宠物的认可。笔者在网上曾看到过一位宠物博主，讲述自己从小（两三个月）抱回家喂大的猫咪，害怕人，尽管精心照料，但跟主人也不亲，不得不放在笼子里面喂养。糖猫群里也有主人吐槽，猫咪生病送去医院挂水，接回来后就"应激了，不相信人了，过去就咬，饭要端到窝里，人走开才吃"。所以说，人类必须善待宠物，让宠物有安全感，人宠之间的关系才能和谐。这不仅需要宠物主人的努力，整个城市都应该为此做出改进。

第一节　打造宠物友好型城市

　　玛氏公司（MARS）是一家私营家族企业，拥有近百年的悠久历史，总部位于美国，旗下拥有宠物护理、食品和系统生物科学等六大事业部。玛氏公司的中国网站上称，目前，玛氏在中国有四大事业部，其中之一即宠物护理，"宝路"狗粮、"伟嘉"猫粮、"皇家"宠物食品等养宠人熟知的品牌，都是该企业的产品。玛氏公司在倡导宠物友好方面做过不少工作，公司有个项目名为"宠物友好城市（BETTER CITIES FOR PETS）"，倡导城市应该爱护宠物，让更多人享受到与宠物生活的好处。该项目建立了一个宠物友好城市模型，其中突出两个基本要素：一是健康的宠物和人。在宠物友好城市，人们可以享受与宠物相处的益处，从陪伴、锻炼到增加社交联系，保持宠物的健康可以延长和增加我们与它们的相处时间。二是负责任的宠物主人。在宠物友好城市，宠物主人知道如何照顾自己的宠物，并对其他人和其他宠物的安全负责。

该项目重点关注四大领域：庇护所、住宅、公园、商业，这里简单介绍每个领域的内容。

庇护所，指收容和庇护流浪动物、帮助无家可归宠物的公共空间。不适合居家生活的流浪动物会在绝育后放归，并在社区为它们安排喂食和居住保暖的场所。在宠物友好城市，庇护所里的宠物会越来越少，即新收容的流浪动物减少，领养工作比较顺利。庇护所里环境整洁、温暖，宠物在这里很放松，因而也更容易被收养。

住宅，指支持宠物主人、帮助主人和宠物在一起的各种措施。例如宠物友好型住房倡议、负责任的宠物主人教育等。在宠物友好城市，宠物主人会更容易找到居所，不会有太多额外限制。同时，房东会认识到宠物对人的积极作用，他们欢迎宠物，作为回报而得到更忠实的租户。社区机构帮助对宠物进行各种行为训练，对居民进行有关的宣传倡导。宠物主人在经济困难时，可以申请短期补贴，或者获得一些宠物食品，从而防止宠物被遗弃。

公园，指公园等公共空间对宠物开放，人和宠物能够在这里共度时光。宠物友好城市有更开放的公园、绿地和相关的便利设施，如饮水处、宠物垃圾袋等，可让人与宠物在户外快乐相处。当宠物（目前主要是宠物狗）有地方玩耍时，它们更能保持健康，减少焦虑，和其他宠物一起玩也有助于其提高社交技能。当然，与宠物一起活动对人也有许多好处，如身体得到锻炼，社区关系更加和谐等。

　　商业，指帮助人们和宠物全天都待在一起的商业、企业。首先是各类商业场所对宠物开放。这样，人们就能更方便地带着宠物外出，更多地享受与宠物相处的时间，这些商业场所包括但不限于商场、商店、餐厅、娱乐场所、银行等。通常情况下，商家这样做可以赢得更忠诚的客户，拓宽经营范围，顾客及宠物也能得到更舒心的服务。其次是在旅行中携带宠物。在宠物友好城市，人们可以带着宠物四处走动，很容易找到能接纳宠物的住宿。2018年，美国旅游协会的一份报告显示，人们将宠物视为假期旅行的前三大障碍之一。如果交通、住宿对宠物友好，宠物主人的出行就会更便利。最后是企业工作场所的支持。带宠物上班意味着不用担心宠物在家孤单、出现问题，还可以鼓舞员工的士气，减轻压力，改善工作关系。宠物友好城市的工作场所欢迎宠物，企业在这方面做出改进，将有助于其吸引和留住优秀人才。

　　该项目提供宠物友好城市的认证。在申请前，需要对城市的宠物友好情况进行评估。评估通常由政府或其指定的合作伙伴（如本地的动物保护组织）完成。申请需提交：申请者的个人情况和联系方式，申请者所在城市的基本信息，申请者所在城市的人口信息、宠物数量和宠物友好特征，申请者根据宠物友好城市的模型对自己所在城市的评估，申请者所在城市明年的优先事项。要获得认证，城市需要在至少一个宠物相关的优先事项上采取行动，如在市中心启动宠物友好商业计划，在公共区域或公园设置宠物垃圾站，开放或扩大狗狗公园，制定宠物保护法，在媒体上进行宠物相关的公众教育等。申请城市不必在各方面都表现完美，但需要看到城市关于如何促进宠物友好的相关承诺。提交申请信息后，会有专门团队在一到两周内完成审核，通过的城市将被授予一个为期两年的证书，两年后需重新认证，以了解该城市在宠物友好方面取得的新进展。

"宠物友好城市"把庇护所放在首位来进行考察，这是因为流浪猫狗的治理是整个社会都在关注的议题。国际猫护理组织（International Cat Care）是一家动物福利机构，致力于改善世界各地所有猫的生活状况。在其官方网站（https://icatcare.org）上，他们把猫分为四种类型：野猫（Feral cats and kittens）、街猫与社区猫（Street or community cats and kittens）、流浪猫与被遗弃的猫（Stray or abandoned cats and kittens）、家庭宠物猫（Household cats and kittens）。他们认为，扑杀并不能解决流浪猫过多带来的问题，且对于控制猫的数量没有效用，除非是在某些非常特殊的情况下，如封闭的岛屿、没有新猫来源的地方，扑杀才可能生效。在大多数情况下，如果扑杀当地的猫，结果会吸引其他地区的猫过来，而这些猫对人类的容忍度更低，带来的问题更大，也更难管理。

不同种类的猫，需要采取不同的治理方式。国际猫护理组织为无主猫制订了一个名为"猫归巢"的计划，即让流浪猫回到人类家庭，不过这计划只适合宠物猫，那些不适合做宠物的猫（如野猫、街猫和社区猫）则应通过 TNR 来找到解决方案。TNR 是一种广泛实施的人道猫种群管理方法，其宗旨是通过控制繁殖来管理非宠物的猫种群。通常，这种方法对猫数量的影响在前两年比较明显，但可能需要持续长达 10 年的努力，猫种群的数量才能稳定下来。2021 年国外发表的一项研究，使用计算机建模来比较不同管理方案成本及其减少自由漫游猫数量的能力，结果显示，如果在足够长的时间内以高强度进行 TNR，则 TNR 将是一种可行且可能更具成本效益的方法。所以说，TNR 的方法虽然有效，但贵在坚持，不可半途而废。

对于宠物主人的各种困难，国外的一些机构会提供帮助。如笔者浏览到的美国科罗拉多州莱克伍德市猫护理协会的官方网站（https://catcaresociety.org）上就有相关信息，可以作为参考。该机构为当地的宠物猫主人提供以下服务。

遗嘱计划：如果猫咪比主人长寿，您可以允许猫咪护理协会作为猫咪的临时照顾者。您的猫将由富有同情心的工作人员或志愿者带到收容所，动物医生将对它进行体检，根据具体情况，猫将被安置在一个爱心寄养家庭中，或者安置在收容所，以便更好地接触领养家庭。

临时照护：为那些因房屋丧失赎回权、暂时无家可归、长期住院等原因而无法照顾猫咪的人提供临时照护。为猫咪提供食物、住所和医疗服务可长达 30 天，到期后猫咪可以回到自己的家庭。该项目不仅能让人宠家庭团聚，还可以让猫远离动物收容所。

猫的旅行：机构与几家养老院合作，定期带猫去看望那里的居民。这不仅为猫提供了丰富多彩的环境，也为许多无法拥有宠物的居民提供了与宠物相处的机会。此外，机构还与选定的商家合作，在那里展示一些待领养的猫，但停留时间不会超过 7 天。机构还将猫咪带到户外参加一些特别活动，如骄傲节等。

Nibbles 和 Kibbles：机构的一个项目，为面临暂时经济困难的猫主人提供免费猫粮和猫砂，帮助他们继续照顾自己的猫。市民可以通过捐赠猫粮和猫砂来提供帮助，协会可以出具税务收据。

该协会还为宠物主人提供他们可能需要的资讯，如更低廉的宠物医疗服务机构的联系方式，如何改善猫咪的行为问题，行为学家对此是如何建议的，为猫（不限于流浪猫）提供免费绝育的机构，为猫意外医疗费用提供特殊融资的信贷额度，通常有几个月的 0% 利息，为糖尿病猫提供胰岛素和相关护理用品，为有慢性病宠物的非紧急医疗提供医疗补助等。同时，该协会网站也提供收容所的信息，如果宠物主人无法再保留宠物，可以送到这里。收容所分两类，一类是开放式收容所，所有当地宠物都可以被收容，然而，入所也意味着宠物可能被安乐死，以腾出空间来迎接新的动物；另一类是有限收容所，空间和资源更有限，只在有足够空间时才收容新的动物。如果主人不能再养一只年龄较大或患有糖尿病、肾病等慢性病的猫，有限收容所是一个更好的选择，但困难在于不一定有名额。

目前，那些相对而言宠物友好的地区情况如何呢？笔者访谈的一位在加拿大留学的朋友饭饭介绍了当地的情况："我们这有一个组织叫SPCA[①]，从20世纪90年代开始就给野猫做绝育，机构资金靠捐赠，就是爱动物的人的捐款。到近几年，街上基本看不到野猫，家猫也基本做过绝育了。家养的猫有项圈、有ID（身份证），散养的猫出现在街上，只要戴项圈就知道是有主人的，猫身上现在都植入芯片了。没人喂养流浪猫，发现流浪猫会送进收容所。这里的SPCA有一个寄养家庭社群，流浪猫一时半会没有人领养的，就寄养到这些家庭。目前有300多个家庭可以寄养猫，有人一家就养了150只猫。这边房子大，有院子，还可以单独给猫盖房子。不适合家养的猫绝育后，有的送到乡下农场抓老鼠，也有很多放归的，毕竟农场也有限。"

第二节　上海是宠物友好城市吗?

上海目前没有任何官方授予的"宠物友好"称号，但在公众形象中，上海在国内确实一直以宠物友好而著称。上海人有养猫的悠久传统，如前所述，江南的农村多养蚕，清明时节盛行"蚕猫"辟鼠的习俗，海派文化以江南文化为根底，因而有蚕桑文化的影子。江南的城市人家也爱养猫，《衔蝉小录：清代少女撸猫手记》的作者孙荪意就是江南才女。经常被人提到的古代猫书还有

---

① 爱护动物协会的简称，全称：the Society for the Prevention of Cruelty to Animals。

清代黄汉的《猫苑》和王初桐的《猫乘》，无独有偶，这两位都是江南人，其中黄汉是永嘉人（今浙江温州），王初桐则是嘉定人，也就是今天的上海人。

近年来，上海政府对这方面逐渐重视起来，在政府相关行政、立法调研、城市治理中引入了宠物友好的理念，具体表现为宣传倡导文明养宠，积极打造人宠和谐相处的城市环境。2020 年，市十五届人大三次会议上有代表提出《关于倡导"宠物友好"理念，建设"宠物友好"景区社区的建议》，上海市农业农村委员会对此进行答复时提到：倡导"宠物友好"理念，建设"宠物友好"景区社区，紧贴当前社会民生和市场需求，对进一步提升城市文明，加快业态升级，有积极的促进作用。自 2016 年起，上海市全面启动市民修身行动，"宠物友好"作为文明居住、文明旅游等内容，成为开展上海市民修身行动的重点工作。同时，《上海市精神文明创建工作标准》(2016 版)中，将"文明养宠"等内容作为提升市民文明素质的重要举措，纳入文明城区、文明小区、文明社区的创建指标，"宠物友好"的理念得到较好体现。2018 年，上海市绿化和市容管理局发布《上海市公园文明游园守则》(2018 版)，将宠物能否入园交由公园管理者决定，目前，上海月湖雕塑等公园通过制定《宠物游园须知》，允许游客携带宠物入园，方便出游。此外，上海市一些酒店也允许游客携宠入住。目前市农业农村委正配合市公安局启动《上海市养犬管理条例》的修订工作，该工作已被列为 2020 年上海市人大常委会立法重点调研项目。①

近年来，由上海市政府主导、宣传倡导文明养宠的相关活动正在陆续开展。2020年，上海市首届文明养宠公益嘉年华活动于11月28日拉开帷幕，由上海市公安局、上海市精神文明建设办公室等9家单位联合举办，其间正式启动了"上海市文明养宠三年行动计划"。该计划提出，上海市将以提高市民文明素质和城市文明程度为主线，开展"文明养宠"社会宣讲，建立健全流浪动物收容处置机制，凝聚全社会文明养宠共识，推动城市管理共治共管、共建共享，提升养宠精细化管理能力，提高城市治理水平。按照三年行动的目标，将动员社会力量参与流浪动物收容处置，成立市小动物救助领养公益服务中心，在非中心城区成立由政府主导、社会力量参与的动物收容机构。

在媒体宣传倡导方面，2021年1月，澎湃新闻推出"上海文明养宠观察"系列报道，其中一个重要议题就是流浪动物的治理，巩汉语在《上海文明养宠观察丨拯救流浪猫，投喂还是TNR？》的报道中提到，文明养宠计划启动至今，TNR理念已广受认可，但在实践过程中，仍存在资源短缺、人力不够、资金不足等问题。有关责任部门表示，目前对流浪猫的管控难点主要有两方面，一方面，流浪猫投喂行为缺乏有效管理，对社区公共卫生、环境生态造成潜在风险隐患，也在居民间引发矛盾；另一方面，流浪猫

---

① 对市十五届人大三次会议第0424号代表建议的答复，http://nyncw.sh.gov.cn/jyta/rddbjy/20200708/2f9e31cd83254ec3a391eff9acb5d4dd.html，2020年5月27日。

出口渠道不足，没有形成有效处理流程，并提出要强化来源管理，通过推行流浪动物绝育减缓新增速度，逐步减少区域流浪猫数量；完善出口管理，增加政府资金投入，充实基础建设、人员配备等。

城市公共空间如何对宠物开放是另一个重点议题，澎湃新闻就此也做了一篇报道，文中谈到平衡养宠人携宠外出需求和市民群众对公共安全的需求，对城市管理提出了挑战。目前，上海对于一些有条件开放的场所，如公园、绿地等，管理条例明确"场所的管理者可以决定其管理区域是否允许携带犬只进入"，但有的场所管理者未能充分理解这一点，简单"一禁了之"，以致动物合理活动空间被缩减。2021 年 1 月 17 日，澎湃新闻记者从上海市公安局有关部门获悉，2021 年将推出"宠物码"，依据饲主是否依法规范养犬等，按照"一宠一码"赋予不同颜色，为场所管理者判断宠物是否能够进入提供参考依据，用信息化技术推动管理升级。不过，可能是受到疫情的影响，直到 2022 年 11 月，随着"文明养犬一件事"便民措施的正式上线，宠物码才试行推出。据有关报道，上海警方将逐步探索拓展宠物码及其应用场景，将宠物码作为养犬登记证的电子凭证，方便市民群众携犬出行，也为加强养犬管理提供便利。

澎湃新闻还做过一个关于宠物的网络问卷调查，截至 2022 年 10 月 31 日笔者投票时，数据显示共有 3 588 人参与，以中青年居多，26—45 岁的占 68%，多为养宠人士（养宠物的占 87%）。从调查来看，宠物主人的责任意识需要进一步加强。例如在一个涉及主人责任的多选题中，认为主人应该为宠物提供充足的食物、舒适的生活环境、必要的诊疗、不虐待宠物、不遗弃宠物、不虐杀宠物的均各仅占 14%，比例偏低。在谈及公民对宠物的责任和义务的多选题中，认为应该对他人饲养宠物有适度容忍义务的仅为 18%，而选择不挑衅、不恐吓、不虐待他人宠物，不采用投毒等方式虐杀他人宠物、不挑衅、不恐吓、不虐待、不虐杀流浪动物等，各仅占 22%。在流浪动物治理方面，认为可以投喂，但不得违反社区公约、影响他人生活的占 88%，认为应该捕捉后绝育，然后放归社会的占 63%，在问及流浪动物绝育费用应当由谁承担的时候，72% 的受访者认为应该由政府全部承担或部分承担。

城市宠物治理的难点是流浪猫问题，也是社区容易引发矛盾的一个因素。2022 年 8 月，它基金 ① 携手山东大学动物保护研究中心，就《城市社区（流浪）猫的社会研究》举办成果发布会。郭鹏在会上分析"社区猫"和"流浪猫"的不同，认为"流浪猫"的称呼预设了"猫必须住家，必须有具体的人类主人"，但实际上猫与人类以及人居环境中的其他动物有悠久的共生历史，"社区猫"意味着承认这种共生关系，承认它们在城市生态中可能发挥的积极影响，正视相关的生态与社会问题，采取积极措施促进城市管理的优化及生态繁荣。该研究之一是针对公众认知、态度

---

① 北京爱它动物保护公益基金会，简称它基金，由多位著名媒体人、老牛基金会以及腾讯公益慈善基金会共同发起，2011 年 5 月在北京市民政局注册成立，是中国大陆第一个致力于动物保护的公益基金会。

的问卷调查，取样北京市、山东省、浙江省的 52 个社区，收集问卷 5 000 余份，是迄今为止中国在社区流浪猫问题上规模最大的量化研究。数据的初步分析显示，在流浪动物管理问题上，人们普遍拥护非暴力的解决方式。有 64.56% 的受访人表示愿意在社区中见到社区猫，但希望社区猫能得到一定管理，45.25% 的人报告自己曾救助过社区猫（包括投喂和远程资助）。质性研究的结果则显示，当基层社区管理机构面对投诉压力、缺乏对社区猫问题的认知或求助渠道时，往往会采取驱逐或禁止投喂的措施，但这种行为会导致矛盾的二次激化。相关专业救助组织或个人的介入有利于推动社区猫矛盾常态化应对机制的建立，即通过抓捕、绝育、放归和领养的方式控制社区猫数量。民间救助组织与个人在实践探索的过程中，逐渐从末端救助向前端管理转移，从纯粹的民间救助向基层自治转移。

近年来，媒体报道了一些上海社区治理流浪猫的范例。例如，张晓鸣发表在文汇客户端的《小区流浪猫泛滥？普陀区这个街道巧解难题，实现自治管理》中提到，普陀区万里街道探索出一套流浪猫救助方法，街道联合万里社区基金会引入第三方公益组织海棠公益，在中环锦园率先试点开展"TNR+"，即抓捕（Trap）、绝育（Neuter）、放归（Release）。首先，街道走访辖区宠物医院，找到 5 家医院成立宠物医院联盟，以远低于市场的价格进行公益救助，社区基金会负责相关费用。小区还通过居民自治，将投喂者变成"治理者"，自发组成"文明养宠志愿者队伍"，挑选小区内比较隐蔽、远离居民的草地作为固定投喂点，避免影响小区环境卫生和扰民。与此同时，社区还配置了便便箱和蚯蚓塔，方便遛狗、爱猫人士及时清理动物粪便，并成为小区孩子的科普学习打卡点。目前，TNR 模式在中环锦园小区已形成常态管理机制，做完绝育手术的流浪猫在休养期间，宠物联盟医院会给每只猫取名字、建档案，通过各种渠道发布领养信息。如果暂时找不到主人，则会在爱猫居民的监督下放归小区。

有研究者提出，城市遗弃宠物乐园景观环境设计与管理模式是在我国现阶段环境背景下根据社会问题提出的解决方案，是新一代主题乐园，对未来的城市管理和规划提出了新的方向。城市遗弃宠物乐园兼具娱乐休闲性质和公益性，在缓解城市遗弃宠物问题时，探索出适应城市新一代居住人群的游乐方式，在游乐互动中，通过人与遗弃宠物的互动，增加领养的概率。[1]上海在这方面进行了积极探索，并取得了一定的进展。2022 年 9 月 4 日，由上海市益彩飞扬公益基金会、浦东新区凝心聚力社区发展公益基金会共同主办的"吾爱我家—关爱城市流浪动物公益宣传主题活动"在浦东新区老港镇玉兰路 3 号举办。在活动现场，上海首个城市流浪猫管理中心和城市流浪动物精细化宣传教育示范基地正式挂牌。当天，基地内的"猫岛"正式向市民开放，首批参观猫岛的市民共同见证了第一批流浪猫领养仪式。平时，有兴趣参

---

① 赵子怡：《城市遗弃宠物乐园景观环境设计与管理模式研究》，载《持续发展，理性规划——2017 中国城市规划年会论文集》。

与的市民可以通过线上预约的方式过去参观，如果有喜欢的流浪猫则可以申请领养。

此外，民间也有一些个人发起的流浪动物救助机构，这些机构大多是大家自掏腰包、自筹经费在进行运作，因为缺少资源，经常陷入困境。例如上海倪阿姨泥巴狗领养基地就是以倪阿姨为首、后来联合其他几位阿姨一起创办的流浪狗救助机构。在运作的 8 年间，从临时场地到宝山，从宝山到奉贤，从奉贤到江苏启东，基地被迫搬迁了 4 次，离上海市区越来越远，最后甚至离开了上海。每次搬迁要花很多钱，而每月基地的开销也有好几万，几位阿姨（多是退休的）为此不堪重负。后来有年轻义工加入，在网上帮助寻找资源，募集资助。①

流浪动物的增多，主要源于家养宠物被遗弃（后繁育），目前在制度上对遗弃宠物的行为尚缺乏有效管理。《上海市养犬管理条例》第二十七条规定，养犬人不得遗弃饲养的犬只；第四十七条规定，遗弃犬只的，由公安部门处五百元以上二千元以下罚款，并吊销养犬登记证，收容犬只，养犬人五年内不得申请办理养犬登记证。该条例自 2011 年 5 月 15 日起施行至今，直到 2020 年才有媒体报道，根据该条例浦东警方对遗弃宠物狗的吴某处以罚款 500 元，并吊销养犬登记证，收容其犬只。这个处罚被称为上海首例，可见以前从未处罚过类似的遗弃人。尤其让人遗憾的

---

① 以上信息来自新浪微博账号"上海倪阿姨泥巴狗领养基地"所发的内容。

是，被遗弃的狗由于年纪太大、受伤过重，最终在宠物医院去世了。由此可见，这个规定不但多年来形同虚设，而且实施了也起不到多少警示效果。因为遗弃宠物只不过被罚500元，如要进行救治动辄可能需几千上万元，那些缺乏责任心，或者有心无力的宠物主人还是会遗弃。而对于宠物猫，目前尚没有相关的管理条例。

上海这个大城市所体现出来的宠物友好，另一个重要表现是商业机构对宠物的接纳与包容。2020年12月22日发布的"小红书2020年度城市榜单"中，上海、成都、重庆、长沙、武汉、甘孜、呼伦贝尔、西安、广州以及三明等十个城市上榜。据小红书社区负责人介绍，该榜单与众不同的地方是以年轻人的城市生活场景为基础，着重展现城市富有生活气息的一面。在这个评比中，上海在"生态友好""生活消费"和"文化消费"三个维度上均夺得第一，而在"生态友好"领域，"对宠物友好程度"的评价更是领先。2017年开业的长宁来福士据说是上海首个允许宠物进入的商场，之后有不少商场、商家跟进，对宠物提供相关服务和活动。在各类社交媒体如小红书、大众点评上，不少宠物主人会带着宠物去探店，并分享经验，推荐那些自己认为不错的商家。宠物友好餐厅Woof Woof就颇受主人的好评，被称为"不可错过的宠物餐厅"。汉堡连锁店CHARLIE'S在带有露天区域的店铺中设立宠物友好区，提供宠物可食用的牛肉饼，也得到了不少宠物主人的称扬。

2021 年，上观新闻就这个主题做了一次报道，张雯在《在上海市中心，带着宠物购物喝茶读书是什么体验?》中称，本市不少商场、餐饮店树立了"宠物友好"理念，人们从这些变化中感受到了商业的新维度和城市的温度。2021 年 9 月，沪上知名宠物友好地标 BFC 外滩金融中心再次升级，宠物友好商户从 120 多家增加到 170 多家。通常，顾客只需自备提笼或使用商场免费出借的手推车，遵守有关规则，就可带着毛孩子逛商场。近年来，星巴克开始在国内布局宠物友好门店，在上海已拥有超过 20 家的宠物友好店，这些店会为喵星人和汪星人提供特制的"宠爱菜单"。在淮海中路开出旗舰店的服饰品牌 bosie 也打出了宠物友好组合拳，欢迎宠物进店，并将店铺二楼超过 2/3 的面积作为宠物用品专区，提供宠物服装的现场试穿服务。报道称，城市的文明程度往往藏在细节里，让不同类型的需求得到满足，不同喜好的人在同一空间中和谐共处，这是城市文明的重要体现。不过，后来又有一些报道称，宠物友好商业的发展遇到了困难，陆续有商场发布公告称因为要配合执行《上海市养犬管理条例》①，暂停接纳宠物进入。有些商场虽然还没有明令禁止，但也设置了各种限制条件，如只能通过专属通道或需遵循"宠物不落地"原则才能进入。

---

① 《上海市养犬管理条例》第二十三条：禁止携带犬只进入办公楼、学校、医院、体育场馆、博物馆、图书馆、文化娱乐场所、候车（机、船）室、餐饮场所、商场、宾馆等场所或者乘坐公共汽车、电车、轨道交通等公共交通工具。

至于工作场所对宠物的开放，从笔者的观察来看，目前只有跨国公司玛氏公司做过一些倡导。据玛氏公司中国网公布的信息，2019 年 8 月 5 日，玛氏公司旗下皇家宠物食品在上海奉贤办公室成功举办了第 4 届"狗狗上班日"暨"皇家宠物日"，倡导带宠上班理念。活动当天，在玛氏皇家的精心布置下，100 位来自玛氏的员工携爱宠体验了这一独特的企业文化。据玛氏公司的研究，把宠物带到工作环境中，可以令员工放松精神、加深互信和合作，并能有效提高工作效率，带动更多人关爱宠物的健康与成长。自2015 年玛氏皇家上海奉贤办公室成为宠物友好型办公室以来，公司每年都会举办"狗狗上班日"活动，鼓励同事带宠上班，与宠物在办公区一同工作、互动。

在宠物公园方面，上海的开放式公共绿地大多对宠物开放，但非开放式的绿地、公园一般不让宠物入内，这点跟国外比较起来仍有距离。例如法国巴黎目前就改变了规定，允许狗进入城市的每一个公园和花园，这意味着 70 个爱狗公园一下子就增加到了 400 个。这些场所对宠物开放后，不但为宠物及其主人提供了便利，也有助于改变普通民众对宠物的看法。当人们去法国旅游，到处都可以看到狗，从而不得不反思本国对动物的严格约束是否合理。在这个场景中，态度的改变并不是由人类倡导做的努力引起的。狗通过在场，成了推动变革的能动者。[1] 而上海目前仅有

---

[1] ［加拿大］休·唐纳森、威尔·金里卡：《动物社群：政治性的动物权利论》，王珀译，广西师范大学出版社 2022 年版，第 149 页。

少数公园对宠物开放，有些还要额外收费，尚难以满足养宠者和宠物的需求。

有人选择上海、徐汇、滨江三处典型的宠物友好型城市公共空间，通过问卷调查、观察和访谈等方式对其使用情况进行评估。这次调研中的受访者男女比例基本相当，近80%的受访者到达场地的时间少于30分钟，可见场地使用以周边居民为主。针对"这类城市宠物活动空间是否有设置必要性"这一问题，75%的受访者认为非常有必要，仅有1%的人认为没有必要。而通过对三个场地的满意度对比分析后发现，西岸营地宠物撒欢区综合评价的得分最高，可见使用人群普遍倾向于占地规模较大、不同犬类活动区域有所分隔且设备设施完善的绿地空间，而在场地犬类活动设施设置及相关活动赛事举办方面，三个场地的得分均较低，说明在这些方面的建设重视程度及平均水平较低，尚有较大的提升空间。[①]

这里还有一个问题，可接纳宠物的城市公共空间（如商业场所、绿地、公园等）基本都是为宠物犬服务的，宠物猫出门的很少。这有两方面的原因，一方面是宠物猫对户外空间的需求度没有宠物犬那么高，不至于每天闹着要出门；另一方面则是宠物主人的原因，许多人是因为工作繁忙无法遛狗才选择了养猫。然而，宠物猫并非完全没有外出的需求，许多主人都反映自家的猫对外

---

① 黄一珊、王国庆：《宠物友好型城市公共空间使用后评价（POE）——以上海市徐汇滨江地区为例》，《城市建筑》2020年第11期。

界很好奇、常有想出门的举动。目前，一些宠物猫的主人已经在尝试把猫带出家门，让其到外面溜达去了，他们的反馈是猫很喜欢这样的户外活动。也许在将来，宠物猫也能跟宠物犬一样，走上街头，走进绿地和公园，走进商场，和主人、其他人以及动物一起享受城市的户外风光、室内的娱乐消费。

目前，宠物猫在城市空间的参与更多地被流浪猫（社区猫）所代表，或者作为一种人文艺术符号而呈现。例如每年在上海举办的复兴艺术节的吉祥物就是"复兴猫"，艺术节取名"复兴"，除了跟当地知名的复兴西路有关，也是寓意希望这里能够像历史上涌现的诸多复兴黄金年代一样繁荣。而一年一度的衡复街头寻找可爱萌趣的"复兴猫"，则是艺术节最受欢迎的节目。衡复风貌区的相关负责人曾在接受采访时称，艺术节选择猫咪作为吉祥物是因为这里居住过的许多文化名人都爱猫，如巴金、夏衍。此外，还有一些文化创意园区也借用了猫咪的符号，如李博发表在"上海长宁"微信公众号上的《长宁这条弄堂竟"藏"有一个"时尚创意园"》文章中提到的位于虹桥路上的上服 T-CAT 时尚园，其前身是上海第五服装厂，历史可追溯到 20 世纪 80 年代末。2019 年初，上服集团以"时尚＋环保"作为主题，打造了一个充满商机与活力的创意园区，即上服 T-CAT 时尚园。如今，这片隐匿在弄堂内的园区犹如一只喜欢穿梭在弄堂里的猫咪，随处可见的猫元素贯穿园区的每一个角落，墙面上装饰的线条勾勒出一只只形态各异的灵动小猫，拾级而上，一个个猫咪的脚印又不时地出现在楼道地面上。傍晚时分，周边居民会来这里的小广场散步，在副楼上的猫咪壁画下打卡，孩子们也在此嬉戏玩耍。

如上所述，上海在城市流浪动物治理、宠物友好的公共空间和商业场所建设等方面已经取得一些进展，这得益于多方面的努力，如政府有关部门的逐渐重视、基层自治组织（如居委、街道）的倾力协助、民间公益组织的积极倡导、商业机构的意识提升与广大市民的热心参与。对比国外的宠物友好城市，上海乃至中国在打造宠物友好城市上有自己的特色。首先，在流浪猫治理上，强调"社区猫"概念，即接受社区存在一些流浪动物，在控制种群数量的基础上改善其生存环境，而不采取捕杀、安乐死等做法，因为万物有灵、众生平等、戒杀生、仁爱等理念对民众影响很深。其次，传统哲学中的天人合一、道法自然等理念，强调减少人为对自然环境的干预，反对人类中心主义，给动物（宠物）进入、共享城市公共空间提供了理论依据。最后，海派文化的中西兼容并包、注重商业文明、面向日常生活等特征，也使得上海对宠物的融入持一种更开放的态度。

不过，从澎湃新闻的问卷调查中可以看到，首先，尽管公众承认宠物（包括被遗弃的流浪宠物）有生命权，但对它们的生活质量却不太关心，不管是对自己的宠物（如主人应该为自己的宠物提供足够好的生活保障），还是对他人的宠物（对他人宠物的包容、不伤害等），认同度都比较低。这大概就是中国习语中所说的

"好死不如赖活着"，反映在动物、宠物保护领域，就是只强调不杀生，对其他权益关注不够，这可能是未来推进动物、宠物保护的一个难点。

其次，不管在上海还是国内其他地区，也不管是政府、民间机构还是公众，对养宠家庭（包括单身养宠家庭）的支持力度都较弱。然而，在压力大、节奏快的大都市，生活成本很高，居大不易。近年来，养宠尤其养猫的人激增，其中多是青年，他们的养宠经验不足，生活不确定性较高，缺乏支持可能导致其在生活变动时放弃宠物，从而加剧流浪动物的问题。另一方面，女性由于传统性别规范（男主外、女主内）的影响，往往成为宠物在家中的主要（有时是唯一的）照护者，而随着生活质量和宠物医疗水平的提升，宠物的平均寿命增加，大量女性为此付出了艰辛的照护劳动，这给她们带来沉重的负担，也使得性别不平等得到巩固和延续。

在中国的传统文化中，家庭被认为是私领域，家庭养宠因而被认为是私人的事情，跟公众没有关系。在有些人眼里，养宠者是利己主义者，为满足个人爱好而消耗公共资源，因此损害了公众利益。如果说养宠遇到困难，那应该在家庭内部靠自己去解决。在这种认知下，宠物权益的提出丧失了基础，养宠者的困难更无法通过社会来得到解决。从这个角度而言，西方女性主义提出的个人的就是政治的，即个人遇到的困境，很多是社会问题所导致，社会应该对此进行干预，在养宠这个领域也同样适用。

文化的定义在中西方存在差异。很长时间以来，西方将文化定义为一种教育的方式，直到18世纪以后，文化的概念才逐渐变化。现在，西方人认为在物质生活以外的所有一切，都是一种文化的存在。相对而言，中国则保留着类似西方早期的思想，文化常带有外在物化的含义。① 简而言之，就是把文化看成一种教化，因而有些人对异文化（尤其来自西方国家的文化）有一种警惕心理，这是跨文化交流产生冲突的原因之一。如果我们认为养宠文化是舶来品，是西方个人主义、自由主义的体现，那在集体主义背景成长起来的国人，对于养宠者的态度就倾向于不包容。因此，对中西养宠文化的整合非常有必要。如果能认识到中国自古以来就有养宠的传统，宠物在很长一段时间已具备了（准）家人的身份，那公众对养宠的态度就会有所改变。然而，在国内如上海等城市开展的文明养宠活动中，对传统养宠文化的挖掘和宣传还很不够。

上海是一个国际性的大都市，向来以开放包容、中西兼容而著称。这里生活着许多外国人，跨文化交流非常频繁，其中也包括养宠文化。比如大家在街上行走，随处可见老外在遛狗，或者带宠物去宠物友好的商家。不过，在国际化大城市中，人的异质性高，文化差异更易凸显，也可能造成一些误解和冲突，如认为养宠是西方的生活方式，现在女性养宠物不生孩子、把毛孩子当

① 潘一禾：《超越文化差异：跨文化交流的案例与探讨》，浙江大学出版社2011年版，第9页。

家人，是离经叛道、崇洋媚外的表现。笔者作为单身养猫女性，也曾遭遇过类似的误解。有人提出，应对文化冲突最好的方式是发展多元文化心态，去理解你和其他人如何理解生活世界的意义，从而增进处理冲突、解决问题的知识和能力。[①]

文化的融合是一个永不停止、互相促进的渗透过程，是协同进化、相互依存的过程。[②]我们应该发展一种中西融合的养宠文化，基于此来开展文明养宠宣传，增进不同文化背景中成长起来的人与人之间的理解与包容。同时，为了对养宠者提供更多的社会支持，传统家庭文化以及相关制度也需要及时更新，如倡导多元家庭理念（包括单身家庭、多物种家庭）和社会性别平等。上海作为一个国际性大都市，在兼容中西文化、推进性别平等方面具有独特优势，有希望在打造宠物友好城市方面取得更多进展，为国内其他城市的文明发展做出表率。

第三节　疫情中的宠物议题：挑战与机遇

2019年新冠疫情暴发以来，宠物已数次成为互联网上的焦点新闻。最早见诸报道是在武汉疫情初期，市民之间关于宠物照护的一些互助行为。当时是春节期间，一些宠物主人滞留在外，家

---

① ［美］艾瑞克·克莱默、刘杨：《全球化语境下的跨文化传播》，清华大学出版社2015年版，第411页。
② 同上书，第54页。

中留下狗和猫无人照料，因为主人没有预估到会出门这么久，只准备了几天的食物。武汉附近黄石市的一名动物爱好者，在某个微信群中看到一位宠物主人的求助，于是招募志愿者帮助其喂养宠物，得到热烈回应。一天之内，就在武汉的五个不同地区为志愿者建立了五个微信群，约有 1 000 人参与。志愿者的自发组织和行动，帮助许多宠物主人解了燃眉之急。

疫情给养宠议题带来了新的机遇与挑战，之所以说机遇，是因为在疫情之中，更多人意识到了宠物与人类的紧密关联。玛氏公司在网上出具的一份报告《让人和宠物在一起：2021 年报告》中提到，自 2020 年以来，人们的日常生活进入了一种"新常态"，宠物家长和宠物之间的联系从未如此牢固。有 81% 的宠物家长表示，疫情期间，他们与宠物相处的时间越来越长；而随着疫情的消退，90% 的人都希望能继续增加与宠物相处的时间。此外，有 88% 的人希望宠物能成为城市应急计划的一部分。疫情之后的世界欢迎宠物，这是该报告的一个核心观点。

在笔者的调研中，不少宠物主人也在疫情中更深地意识到了宠物对自己的意义。不少受访者说宠物给了自己莫大的安慰，在某些情况下，因为增加了与宠物相处的时间而感到更快乐。如徐枣枣提到："2020 年，我曾和猫咪一起被隔离在家几个月。当时大家的生活大同小异：在家线上工作，休息时看综艺、吃饭睡觉、撸猫，那时候卜卜星、朴朴乐和浪味仙还是小猫，我花了更多时间陪伴小可爱玩耍、成长，感觉很幸福。每天人和猫睡了一床，睡生梦死，不知今夕何夕。"晓虎也提到当时的情况："家里两只喵带给了我们不少慰藉，是一个非常重要的解压通道，第一次那么长时间的陪伴，更是愈发觉得不能失去它们。"阿灿的主人则说："宅家期间，我还给阿灿制作了二十几条短视频，记录下我们共同经历的特殊岁月。当时'兵荒马乱里'的互相抚慰，都成为我们现在不时回味的难忘记忆。阿灿那始终不爽和沉默的样子，是我们人类刻板印象里不受欢迎的形象，却治愈了我们，治愈了世界。"

然而，得到慰藉的另一面是焦虑的增加。调研中，不少网友对宠物的安全深感忧虑，这种焦虑在一定程度上还延伸到了解封后。因为担心影响到猫，许多猫主人自觉减少了外出、与外界的接触，例如猫咪当家这样说："那一段时间，我让老公住公司或者我父母家，核酸也做单管，外面找不到地方做，就去医院花钱做，就怕混管出现异常要被隔离，会影响到猫咪。现在让他回来了，不过出去上班不让他坐公共交通，要么司机来接，要么自己开电瓶车，没有其他活动，下班就回家，不堂食。刚开始那段日子，都是自己带饼干当午饭，现在基本是肯德基外卖，坚决不堂食。"在糖猫群里，也有人因家里老年人常外出旅游，担心其成为密接影响到猫，这种担忧可能加深家庭成员间的隔阂。

如何妥善安置宠物，不但是宠物主人的关注重点，也是热爱动物的网友关注的议题，这使得宠物在社会中得到了前所未有的关注。在应对突发灾难时，许多国家和地区正逐渐将宠物考虑在内。例如在国外，有人调查因古斯塔夫飓风而流离失所的疏散人员，了解他们的疏散计划中是否包括宠物。结果显示，大多数宠物主人将宠物纳入了自己的疏散计划，该研究凸显了将宠物纳入疏散决策的重要性。[1] 一些国家已经在立法中加入对宠物的考量，如美国新的联邦立法要求在应急计划中安置宠物和服务动物，这项立法得到了两党的广泛支持。[2] 玛氏公司 2021 年的调研报告中也提到，宠物安置能否被列入相关政策、法律考虑的范畴，得到更多保障和资源，已成为许多养宠者、动物爱好者的关注议题。目前，国内不少动物保护和救助组织也在积极宣传和倡导，让公众了解宠物不会造成疫情的传播，应该如何保证宠物的生命安全等。

此外，疫情使得一些易被忽略的养宠议题，得到公众关注，如流浪者养宠的问题。中国青年网发表的《上海"电话亭女士"：帮我说一声，感谢网友的关心》中提到，2022 年上海疫情期间，一位带狗的女性被附近居民发现入住电话亭，引起网上热议。后来《中国青年报》记者找到了这位"电话亭女士"，她是山东人，来上海 20 年了，小狗名叫丽丽。她告诉记者："我捡它的时候，它是一个半月，然后养了它 8 个月。我给它打疫苗的时候，它还

---

① Courtney N. Thompson, David M. Brommer, and Kathleen Sherman-Morris. "Pet Ownership and the Spatial and Temporal Dimensions of Evacuation Decisions", *Southeastern Geographer*, Vol.52, No.3, 2012.
② Hillary A. Leonard, Debra L. Scammon. "No Pet Left behind: Accommodating Pets in Emergency Planning", *Journal of Public Policy & Marketing*, Vol.26, No.1, 2007.

很小，宠物医院根据它的牙齿判断它的年龄。两个月的时候就开始打疫苗，那种三个星期打一次的，一共要打三次，连狂犬都打了。它挺乖的，一直陪着我。它是我最喜欢的狗狗，也是我最亲的狗狗。我知道它喜欢吃肉肉，有的时候我会去捡人吃剩的盒饭当中的肉肉给它吃。它身上的衣服是人家给的，我只是给它买些狗粮。"记者跟她聊天时，她正从盒饭里把肉挑出来，用叉子喂她的小狗。据了解，该女士其实并非疫情期间才住进电话亭，其无家状态可能已断断续续持续了好几年，只是在此时才得到了广泛关注。

流浪的养宠人因涉及边缘人的生存状态，且人数不多，通常是被忽略的对象。国外有学者对其进行过研究，发现无家可归的人常因养宠物而受到批评，但他们会用公开或者含蓄的方式来回应这些批评，比如重新定义宠物的所有权，使其更符合自己和宠物的情况，从而挑战了宠物需要一个实体家庭的定义。无家的宠物主人还会通过强调自己经常先喂宠物，给予它们定居宠物所缺乏的自由，从而创造出一种积极的道德认同。[1] 在丽丽及其女主人的这个案例中，我们看到了类似的一些表述。城市如何对流浪者、流浪动物进行治理，是一个重要的议题，要先意识到他们的存在，了解其生存状态，才可能为其提供必要的

---

[1] Leslie Irvine, Kristina N. Kahl, and Jesse M. Smith, "Confrontations and Donations: Encounters between Homeless Pet Owners and the Public", *The Sociological Quarterly*, Vol.53, No.1, 2012.

援助。

　　疫情给宠物主人、宠物带来关注和机遇，也带来许多挑战。笔者的调研显示，目前存在的问题主要有这样一些：

　　首先是宠物被遗弃的现象增多。如主人因为疫情回不去或者要离开，不方便带走宠物，可能就会遗弃宠物。目前居住在加拿大的饭饭介绍说："邻居收养的蓝猫胖虎是一个留学生弃养的，这个留学生因为疫情没法回到加拿大继续上学。他在 2020 年 4 月回国，临走前把猫寄养在当地一个同学家，没想到走后就没有机会再回来，只能把猫送养。我所知道的疫情期间留学生弃养的宠物不在少数，多是因为回国后没法再出来。当然，很多留学生学成回国工作也是弃养的主要原因。"此外，经济困难也是导致宠物被遗弃的重要原因，疫情期间失业或收入减少的人增多，有人因此被迫放弃了自己的宠物。

　　遗弃宠物的现象存在地域差异。有人进行调查，发现疫情期间北京、河北省邯郸市、湖北省襄阳市三地在是否遗弃或伤害宠物上有显著差异，北京遗弃宠物的现象最少，而在其他相关宠物福利问题上则没有表现出显著差别。① 该研究似乎说明大城市相对于中小城市，遗弃宠物的现象要少一些，因此疫情期间中小城市的宠物权益更令人忧虑。不过在笔者的访谈中，好几位大城市的宠物主人都提到了遗弃宠物的案例，例如上海大果子收养的一

---

① 兰嘉琪、徐家玉、王磊卿、白玉研：《新冠疫情对北京邯郸襄阳三地宠物福利影响调研》，《畜牧兽医科技信息》2021 年第 10 期。

只猫咪就是在疫情期间被原主人遗弃的。遗弃宠物导致流浪动物增多，而居家隔离又使得投喂者减少，这些都对宠物的生存造成了威胁。

其次是宠物就医的问题。疫情可能导致宠物医院关门，无法营业。有研究者通过深度访谈法来了解疫情下的社区宠物服务需求及其优先级，再通过问卷调查来验证这些需求的合理性并明确优先级。结果发现：在疫情严控期间，紧急需求型的用户对于应急宠物救助的效率需求很高，同时对于救助体系的安全性与可靠性有较高需求。[①] 美国的一位猫妈就提到："因为疫情宠物医院关了，小白发病，我们去急诊，医院不开，就在我老公怀里去世了。疫情导致我们失去了小白，这是悲剧。"上海疫情期间，糖猫悄悄的主人也遇到了就医困难的问题，所幸在邻居帮忙下得到解决："悄悄是在3月底确诊的，出现病危是在5月初。当时，我联系了能接诊的医院，有值班医生，可是无法出小区，幸好有熟悉的邻居有通行证，才把悄悄直接送进了医院，如果没有人帮忙，悄悄那时就危险了。"

再次是宠物的日常保障。这又分为两类，一类是主人被隔离，对宠物的照护难以持续。2021年，上海市黄浦区昭通路小区发生疫情，要将小区居民转运出去隔离，在各方协调下，最后允许居民带上宠物去酒店，此举颇受好评。2022年疫情期间，因为需要

---

① 乔歆新、瞿一凡、林洺楠：《新冠疫情背景下的社区宠物服务需求研究》，《人类工效学》2022年第2期。

隔离的人多，难以实现携宠隔离，部分地区引入第三方服务企业，设立宠物方舱，由志愿者对宠物进行照护。其他还有让宠物留在家中，由邻居、志愿者照料，以及送到朋友、宠物店等处照料的。另一类是宠物的日常物资供应，不少宠物主人都遇到了这个问题，如马夫人提到："当时猫砂来不及囤，猫砂短缺，一度采用过把松木砂晒干重复利用、卫生纸撕碎等方法来代替猫砂。说起猫粮，更是一言难尽。快递全部不发货，能买的宠物店存粮加上跑腿费（几百米的店，邮费85块！），涨价程度不是我能接受的。好不容易某拼平台可以买了，货物送到小区门口，能不能进全凭运气。"

对于有疾病需要日常护理的猫来说，困难就更多了。比如糖尿病猫需要每天定时打针吃饭，还要检测血糖，有一定技能的人才能护理，还得有相关的医疗设备、仪器和药物。在药物方面，由于居委配药只为人提供服务，这给宠物家长带来了很多不便，有人不得不因此考虑换药，而这又带来了不确定的风险。此外，糖猫不能吃普通猫粮，要吃主食罐头或者自制肉食。肉食短缺时，一些糖猫家长不得不通过换物、求助等方式解决，如有人提到："4月疫情的时候，我拿了好多酒换了鸡胸肉混过几天。"全球疫情导致进口猫罐头短缺、价格飞涨，也给主人带来困扰。此外，身体有隐患（尚未发病）的猫咪，也可能被诱发疾病，例如有糖猫家长分析发病原因时如此说："我之前是喂渴望①的，觉得

---

① 一种品质较好的进口猫粮，碳水化合物含量较低，通常认为这样的饮食比较健康，可减少猫咪患糖尿病的概率。

挺好，然后关家里几个月，零食断了，瞎吃了点其他的，她就不要吃渴望了，感觉就是这样导致的糖尿病。"

最后是流浪动物的救助受到影响。在管控时期，不少救助组织停止了日常工作，个人救助者往往也不得不暂停活动。如emma 在访谈中提到，她参与的 TNR 的计划完全被打乱了："社区开始管控那天，我正好有一只猫做完绝育要接回来，因为出不去胡同口，只能给宠物医院打电话，让猫再住一段时间，好在医院那边比较理解。管控期间，我和阿姨都很焦虑，担心猫在笼子时间长了会应激，而且完全不知道什么时候才能去接，只能互相安慰、互通消息。一周以后结束了管控，我马上把猫接了回来，幸运的是猫的健康没受影响，伤口也长得很好。"流浪动物的绝育工作暂停，导致新出生的小猫增多，而疫情造成的失业、搬迁等问题，又导致领养人变少，给流浪猫寻找领养越发困难，以至于有人发出感叹："唉，愁死了，这两年给救助的流浪宠物们找领养真是越来越难了啊，别说带残疾的，健康活泼的小猫咪都乏人问津。"

近年来，随着家庭的多元化趋势，养宠者越来越多，宠物已成为人类的重要伴侣，通常被视为家庭成员之一（而非家庭财产）。在我国，动物保护的理念逐渐深入人心，呼吁立法（如《动物保护法》《反虐待动物法》）的声音日益高涨。越来越多的人认识到，对待动物的态度体现了一个城市文明的程度。在这样的背景下，忽视动物生存权和宠物主人权益的做法必定会遭到反对。

基于目前的流行病学研究，没有任何证据表明病毒会从宠物向人类传播。因此，世卫组织的专家声称宠物被感染不会成为疫情加剧的因素。即使宠物感染病毒，隔离后也能自行康复。疫情防控如要得到民众支持，应该采取人性化的管理措施，将既有一些安置宠物的好经验进行总结，同时借鉴境外的管理经验，参考有关专家的意见，进一步完善相关措施，避免可能出现的矛盾，从而有效提升文明城市的形象。

笔者曾就此议题撰写过一个社情民意，建议部分的内容如下，可供参考：

第一，了解居民养宠情况，探讨共同治理。建议各居民委员会、村民委员会、社区有关机构和组织将宠物议题纳入平时的工作中，进行摸排、统计，了解居民的养宠情况，如每家有多少只宠物、宠物种类、宠物日常生活物资、其他特殊需求等。同时了解居民的意愿，如发生疫情时主人希望对宠物如何安置等。目前，上海有一些基层组织已开展了一些工作，例如有居民委员会在疫情期间为有需要的居民免费提供宠物食品，帮助已转运隔离的主人照料留在家中的宠物，解决了一些人的燃眉之急。此外，为妥善解决疫情中的宠物安置问题，不但要加强与宠物主人的联系，还应加强与相关机构及个人如动物检疫机构、宠物医院、动物保护组织、民间志愿者、居民代表等的联系，确保涉及的各方都充分参与进来，一起商讨、制定相关措施和预案。

第二，隔离原则：保障生命权，人宠不分离。宠物安置总体上最好遵循一个原则，即尽量不让宠物猫狗离开主人，因为宠物在陌生环境、与主人分离的情况下容易产生应激，导致生病甚至死亡。此外，一些有病的宠物需要主人的日常护理，这种情况下也不适合寄养。因此，人宠不分离是一种比较人性化、更能被民众接受的方式。当然，如果宠物主人不便自己照顾，自愿选择寄养，送医院护理，或者让宠物自己在家隔离（安排志愿者上门喂养），也是可以的。

第三，保障宠物就医，支持各类救助工作。宠物医疗机构不应被视为一般的商业机构，出现疫情一关了之，而应参照人类医院的情况，尽量保障其（至少是其中一部分）能够正常运营，如有必要可给予宠物医生出行通行证，宠物出现紧急情况应该允许就医，以确保宠物有病时能够得到及时的医治，保障其生命安全。此外，宠物救助机构的日常工作也需要得到保障，因为 TNR 等工作需要长期持续才能见效，一旦中止，会造成流浪猫的数量激增，给后续城市治理带来许多问题，可考虑将宠物救助机构设置为重点机构，允许其在疫情防控期间也开展一部分工作。

附　录
猫咪主人访谈录

　　本书关于养猫家庭的分析来自网络观察和访谈，如在笔者公众号（yaya 的房间）开展的猫主人系列访谈，摘录在此的部分，在该公众号发表的时间为 2022 年 8 月—10 月（相关访谈也在同一时间），目前相关访谈仍在持续中。为便于读者理解，选择部分删节整理后，列在附录，并大致按照不同主题分类。不过，分类只是大略，同一位猫主人的访谈可能符合多个主题。笔者的解读只是其中一种，读者可自行对各类主题进行交叉分析，得出自己的看法。虽然想将所有访谈者都列入其中，但因篇幅所限及各种原因，不得不舍弃部分，请见谅！

第一辑　性别议题大家谈

　　养猫中的性别议题是本书重点之一。在访谈中，有五位受访者谈及性别议题较多，因此将其收录在这一辑。其中四位受访者是女性，即徐枣枣、乔伊林、emma 和饭饭，一位受访者是男性，即高垒。访谈中，每个人都谈了自己观察到养猫中的性别差异，其中女性还谈到了养猫与育儿的关系、照顾猫与自我成长的关系，emma 介绍了救助流浪猫工作中的性别差异，高垒则谈了自己对猫与女性主义之间关系的认识。

养猫 20 年，爱猫一辈子——猫妈徐枣枣访谈

　　问：请问您的个人情况？

　　答：我是一名单身女性。独居，养四只猫，去年刚刚和父母搬到了同座城市定居。目前我和父母都在适应这种新关系：我们偶尔相互拜访、一起吃饭，客客气气，一片和谐，只要他们不提要给我介绍男朋友。

问：可以介绍一下自己的猫咪吗？

答：按照性格从最亲人到不太亲人，排序介绍如下：

1号猫咪，白蓝相间的英国短毛猫，卜卜星，非常亲人。人前小天使，人见人爱，绝不高冷，自带自来熟技能。会欺负别的猫，性格有点"绿茶"。卜卜星是我去看2号猫咪朴朴乐时遇上的，是一个大叔捡到送去医院的。当时猫咪满脸是伤，还有猫癣，但性格很好，于是被我收养了。

2号猫咪，蓝猫，朴（piáo）朴乐。两个月前体重突破14斤大关，送出去洗澡要多加10块钱，被爸妈私下里喊"大老黑"，硬汉形象的外表下有着娇滴滴的嗓音。朴朴乐是宠物医院充值领养的，这几年类似的有偿领养机制不少见，宠物医院工作人员自己家的猫生崽，有的会通过储值方式寻找主人。

3号猫咪，布偶猫，浪味仙，蓝眼睛且外貌美丽，长相高冷其实很黏人。浪味仙是我唯一买的猫，那时常去一家猫咖自习，店员说布偶太能吃养不起了，想卖掉一只。其实按照"赛级标准"来说，浪味仙不是很好的品相，它的脸不够圆，脑门图案也不对称，但我觉得它美貌又独特，性格也是又黏又怂。看它一直没人要，觉得有点可怜，就买回家了。

4号猫咪，家里唯一雌性咪。10岁的田园猫娇娇，虽然身材胖胖，但是尖脸、精灵耳，显瘦。娇娇是我读研究生时收养的散养猫的后代，从小跟着我，辗转了4个城市。它外表冷漠，其实敏感又温柔，非常熟悉人类习性，是家里4只猫的智商天花板。

问：猫咪有生过病吗？治疗和护理的情况如何？

答：娇娇小时候是流浪猫，她来到我家前，有只曾经借住我家的猫得了猫瘟，因此我家环境中残存病毒，刚到我家且还是小猫的娇娇就中招了。我当时养猫经验不足，所幸环境传播的猫瘟，病毒活性减轻很多，花了1000元左右一周就治好了。后来我就比较注重猫咪健康，猫三联疫苗是必须打的，也积极劝说其他养猫的朋友打疫苗。

卜卜星前阵子尿闭过。我深夜下班回家，发现它满身是血，躺在厨房地上，小天使四肢瘫软，不声不响地看着我。场面真的很惊悚！我迅速在大众点评联系到有夜班医生的宠物医院，做了CT，发现并没有肾结石，于是给它吃了有通尿功能的药片和消炎药。医生说尿闭常见于公猫，一般病因是结石、情绪紧张，或者单纯因为舔尿道口舔到发炎。

医生嘱咐我，每天严密监测猫的大小便状况，还要戴两周伊丽莎白圈，防止猫咪舔到伤口。因为是多猫家庭，我只好把卜卜星隔离在卧室，陪它居家工作一周。开始它不适应戴项圈上厕所，时常尿在地上，或蹭在自己身上，失去了一只可爱猫咪的体面，我俩都很痛苦。熬了一两周，一瓶"猫泌通"吃完，它彻底痊愈了。

卜卜星性格黏人、脾气好，吃药只要掰嘴，将药放进喉咙深处，它就会自己配合下咽，算是很乖的了。即便是这样，我仍然感觉一个人照顾很吃力。猫咪生病恰逢我工作繁忙，我时不时抚摸着卜卜星臭臭的身体哭：要快点好起来啊，别让妈妈担心。这件事对我来说印象很深刻，第一次觉得单身猫妈真挺不容易的。

问：猫咪有其他家长吗？是否有分工合作？

答：我刚搬来这座城市时，和父母短暂同住过几个月。我妈也有两只猫咪，经常会和我的猫打架，几乎猫鼻子上都挂着一道伤口，其中娇娇被欺负得最惨。同住的时候，铲屎基本谁看到谁做，但我妈喜欢经济便宜的膨润土猫砂，我嫌膨润土很臭，又容易有粉尘，会时常和她就不同的养猫方式争论。猫的用品我们都有投资，我喜欢买猫抓板、玩具、垫子一类，我妈则买便宜的猫零食。

这些年，妈妈的养猫方式发生了很大变化。如今的她给猫用猫砂、喂冻干猫粮，还给猫绝育、定期驱虫，猫咪发生重大疾病会带去医院，然而这一切都是血淋淋的教训换来的（哈哈，说得有点夸张）！妈妈一开始用的猫粮是从超市买的散装猫粮，猫咪吃的时候激动到流口水，后来才知道是因为添加了诱食剂。吃了一阵后，公猫产生了尿道感染问题，我妈才逐渐意识到猫粮不好可能导致健康问题，于是给猫吃得越来越好。现在她都从做流浪救助的朋友那团购高质量粮，还会推荐给我。

家里以前曾有只老猫，活了 16 岁，直到去世它都习惯用我妈给它准备的塑料盒子＋卫生纸大小便，尽管为了干净省事，家中早已普及了猫砂盆。妈妈给猫咪绝育则是苦于家中猫咪发情乱尿、一窝窝生崽，而妥协的。她自己也承认，现代化的养猫方式更便捷，能提高铲屎官的幸福感和猫咪寿命。

问：猫咪的日常照顾者是男性还是女性？原因是什么？

答：对猫的照顾还是女性从事的多，铲屎、喂食基本都是我和我妈做，我爸不爱动手，并且会因为猫厕所清理不及时而发脾气。他平时和猫的互动也是把猫当家畜的态度，不太包容，但好恶明显，偏爱卜卜星，偷偷给朴朴乐改名叫"大老黑"。

家里从我小学起就养猫了，我妈妈很擅长和猫相处，记忆里她走在小区总能被流浪猫夹道欢迎，这种"吸猫体质"我也遗传了，但我爸对于猫咪就不冷不热的。家里的老猫几次走丢都是因为我妈不在家，我爸开门时猫跑了，而他根本没发现。他对于这样的失误总是拒绝认错，坚持说自己什么也没做错，要求我不能怪他，因为"猫没有人重要"。他还时常说养猫对他来说是很大的负担，他不想养。这让我挺诧异的，因为看起来他会偏爱一些猫，也会在家里猫经过身边时叫猫的名字，想让猫和自己互动，但转头就能说出觉得猫是负担。他这样说话，总让我有点伤心（大概，猫咪倒是不会在乎的）。但我说自己，他是一个不善于表达感情的人，跟人也挺疏远的，也就慢慢习惯他这样了。

问：有人说女性主义者爱养猫，你怎么看？

答：我家已经养猫超过 20 年，但我感觉近 10 年养猫才变成普罗大众集体追捧的一件事。我小时候还时常有人持"猫是奸臣""养猫对女生身体不好"这种观点，如今这句话越来越被淡忘。随着互联网和自媒体的不断塑造与传播，养猫对年轻人来说成了生活打卡的目标。我觉得这和社会氛围有关，也和人口结构有关，空巢青年在家吸猫，老老实实，挺好。

有人认为养猫不生娃是反抗主流文化，但我觉得这是一体两面的。有时候太精细的养猫方式，很容易陷入消费陷阱中，顺应了鼓励物质消费、放弃社会参与的期望。从不生娃的角度来说，如果当事人有意识地这么做，确实可以被认为是一种"不合作"。只是就我个人来说，养猫是一种来自原生家庭的生活方式，大概谈不上反抗，但不想生孩子是真的，毕竟当你觉得心烦意乱的时候，可以把卧室门关起来，把猫关在客厅歇一会，养孩子可能没法这么做。

回溯 10 年前，我身边很多女性朋友刚开始养猫，是因为终于毕业、离开父母生活，养只猫几乎是独立生活的宣告仪式。我和社群朋友还曾就如何跟猫共同生活的话题做过讨论，出差时互助式上门喂猫、铲屎。猫咪对我来说是陪伴、是重要的家庭成员，它某种程度上满足了我情感上的亲密需求。和猫咪共同生活的经验，让我变得没那么"自我"了，因为你控制不了猫咪，你没法通过强迫的方式，让它们完全按你的想法行事，你只有接受现实，了解它真实的需求，找到没那么"强制"又适合彼此的相处之道。我还和朋友一起建立过"猫咪尿床问题讨论小组"，就猫咪的安全感、被其他猫霸凌等问题做过深入讨论，寻找答案。

问：你打算要孩子吗？这是否和养猫有冲突？

答：暂时没有要孩子的打算，但可能考虑单身冻卵。对我来说，别说养孩子，找对象都必须不能和养猫冲突，否则免谈。不出意外，一只猫会陪伴我至少10年，而我目前为止还没有过一段超过5年的亲密关系呢！

问：疫情期间，你和猫咪受到了什么样的影响？

答：2020年上半年，我曾和猫咪一起被隔离在家几个月。当时大家的生活大同小异：在家线上工作，休息时看综艺、吃饭睡觉、撸猫，那时候卜卜星、朴朴乐和浪味仙还都是小猫，我花了更多时间陪伴小可爱玩耍、成长，感觉很幸福。每天人和猫睡了一床，睡生梦死，不知今夕何夕。后来随着防疫政策升级，一些城市出现入户消杀的案例，让我产生了强烈的危机感。我开始变得焦虑，并认真地和朋友讨论，如果真摊上了该怎么办。

问：猫咪如何影响你跟伴侣的关系？

答：猫对我的生活很重要。我出远门时，都会不适应身边没猫。爱猫、能跟猫一起生活，是我择偶标准里很重要的一条。若约会时了解到对方缺乏照顾猫咪的经验，或者不够喜欢小动物，我都会在心中给他减点分。看一位潜在伴侣和猫咪相处的样子，能让你快速了解这个人。比如，如果对方一直强迫猫咪按他的意志行事，这人很可能有控制欲；如果对方对猫咪大呼小叫，他可能有情绪管理方面的问题；如果他对铲屎这事儿表现出格外嫌弃，大概也没法太主动积极地和你共同承担家务了……

养猫是衡量一个人责任心的重要标准。以前我曾经经历过，分手时对方表达希望继续和我一起照顾猫咪，但后来并不愿意的情况。现在的我清楚地知道：我不大可能在关系结束后将自己养大的猫咪交给前任抚养。分手可以，但分猫绝对不行！对方会因此伤心、不甘心，但我们还是要好好想一想：对方是否在生活中是一个负责任的人？如果分手的理由里已经包括你觉得对方不成熟、不独立，甚至对其人品不信任，他要走你的猫咪，真的能不离不弃地照顾它吗？

在曾经为我救助的猫咪寻找领养人时，遇到情侣领养，我一定会问的问题是：如果你工作忙，猫咪怎么办？如果你们分手，你们将如何计划以后的生活，猫咪归谁？当其中一个成年人表现出"妈宝"特征，比如提出"分手会回老家，和父母住""父母帮忙照顾"，我会更谨慎考察，因为那些说"自己不想养了，送回父母家（老家）养"的，往往就是猫咪没人管、没人要。

在这点上，猫咪和孩子差不多。一只猫咪的到来，必须是受到家庭中所有人的同意和欢迎，不然猫咪和人都可能不自在。请尽量不要抱着"带回去养养，家人就会接受"的想法，更不要指望没有在场、没参与育猫规划的家人，能帮你养猫。

问：说出养猫对你的三大吸引力是什么？

答：第一，猫咪真的非常可爱，它们敏感、细心，对于人类的情绪体察得很好，会在我心情不好甚至抑郁时来表达关心，让我感觉自己没被忘记。猫咪是独居女性的小天使！工作完一天回到家，猫孩子在门口的守候总能让我打消恐惧。

第二，它们善良、对人信任，且能包容我偶尔的"使坏"，比如给它们洗澡、喂药、清理耳朵，它们大概都很不喜欢，但没过多久就会忘记，不像人类（尤其是我自己）那么爱记仇。它们让我感觉被信任、被爱。

第三，每只猫都有自己独特的性格和爱好，这和品种、年龄有一定关系，但不是绝对的，了解它们的多样性让我觉得非常有趣！比如英短卜卜星，几乎对人类所有的食物，甚至一些蔬菜、薯类感兴趣，而家里体重最重的朴朴乐其实没那么贪嘴，浪味仙喜欢膨化食品、薯片这些垃圾食品，而娇娇只吃猫粮。

猫妈乔伊林访谈

问：请问您的个人情况？

答：女性主义者，在公众号"我们与平权"打杂。家庭主妇，喜欢做饭（指的不是在上海的夏天做饭）。喜欢旅行，但上次旅行大概是一万年前了。

问：可以介绍一下自己的猫吗？

答：我养了两只猫，一只叫春华，小名叫花花；一只叫秋实，小名叫包包。她们是一胎的姐妹，花花是姐姐，包包是妹妹，出生只相差15分钟。大概6周大的时候我领养过来，养了半年才知道是品种加菲猫，到现在已经7岁半啦！虽然有点莫名其妙，但是说起来我还挺有成就感的。

花花这个孩子用北方话说是"蔫坏"，总是悄无声息地做坏事，然后一脸无辜地装作没什么事情发生，所以我总以为是包包做的。直到有几次抓了现行，才知道原来花花是干坏事的那个。包包呢，是个蛮横霸道的小孩，特别黏我。在我需要敲打键盘时趴在我的左手上，只给我留一只手工作。如果不想让她在我旁边，越推她就会越用力靠过来。在我跟别人通话时，她就一直在旁边大声喊叫，博取关注。她的叫声不止一次被网线另一边的谈话对象当成我放任不管的小婴儿。

问：你怎么看待自己的猫咪？

答：我应该是把春华秋实当成自己的孩子了吧，带她们去宠物医院做绝育时，还给她俩冠上了我的姓，天天在家对她们讲话也以妈妈自称。刚领养她们的时候，我是跟别人合租，她们俩跟我一起待在卧室里，每天半夜 3 点准时开始踩奶，趴在我耳边叫我起来陪她们玩，搞得我都神经衰弱了，感觉跟刚生了孩子要半夜起来喂奶哄睡一样。

去年我有幸和一个单身妈妈一起照看一个 3 岁的人类小孩，这让我觉得养猫对我来说，像是一种养孩子式的照顾实践。她们和小朋友一样，无法用语言表达自己的需求和想法，只能用行动表达。她们可能会突然生病，也会闯祸惹人生气。我是她们唯一能够依靠的人，我需要有稳定的生活环境和经济条件，给她们提供生活所需。而且，她们完全没有办法对抗人类的暴力，就像小孩一样。但是我觉得对比小孩子来说，她们实在是太容易照顾了，我可以出门上班，不用担心她们会有什么问题。在家的时候也可以做自己的事，虽然不总是可以按照自己期待的一样集中精力。

问： 猫咪有其他家长吗？平时怎么照顾猫咪？

答： 说来很巧，我伴侣家也有两只猫，我们是因为聊养猫相识然后在一起的，现在共同抚养我的两只猫。因为我平时在家办公，所以顺理成章地，猫咪主要是我照顾。伴侣主要负责清洁打扫，给猫猫们创造相对干净的环境，除买菜以外的采购也由伴侣负责，猫粮、罐头、零食、猫草之类。应该算是分工合作吧！

在猫咪的娱乐生活方面，我起到了主要作用。因为我在家办公，所以每天两只猫轮流过来要求我的关注和陪伴：花花主要是踩我的胳膊，要求我给她按摩或者梳毛，不然就一边踩（挠）一边叫；包包会非常直接地走过来坐在我的臂弯里或者大腿上，朝我持续地叫，直到她自己不想叫为止。她俩的这些行为不管我如何干预，都不会改变。

问：你觉得养猫与性别有关吗？

答：当然有关啦！养任何宠物都会涉及照护问题。刚刚领养她俩的时候，不知道是因为我第一次养猫还是别的什么，她们带来的奶癣一直不好，不管怎样吃药、涂药膏、做药浴、改变饮食，总是时好时坏，很多时候我都在责怪自己不是一个好妈妈。从性别的角度来看，我很快就把照护的工作和妈妈联系在一起，马上承担起了母亲的责任，不管是什么原因，只要孩子受罪，就会觉得是自己做得不好，即使已经尽了自己最大的努力。这种想法很难说不是基于社会对女性角色的期待，这种期待会对女性造成压力，而且这种压力是潜移默化、无法察觉的。比如在一群人中间，女性常常是被期待要去照顾其他人、管理一些琐事的，于是这种期待大多数时候不需要用语言表达就被默认地加在某个人身上了。

养猫的女性需要有人来一起分担照护的责任，如果有伴侣、家人同住的话，伴侣、家人在撸猫开心的同时也应该承担些铲屎、喂食、日常护理的工作，这样会部分缓解这位女性的压力。不过我觉得我也没什么立场来说照护的艰难，因为我们家的两只不怎么生病，而且比较亲人，养猫带来了很大的满足感，照护责任不算重。

问：据说女性主义者爱养猫，你怎么看这个问题？

答：昨天我跟另外一位女性主义者谈起了养猫的事，一致认为养猫对于我们看待自己与他人的关系非常有帮助。就像无法期待猫会做出让我们满意的反馈一样，不论是小孩、伴侣还是朋友，都是独立的个体，都有自己的态度，不一定会按照我们的期待行事。尤其代入小孩来说，他们可能会有各种各样难以预测的反应，这些反应都是基于他们自己的、我们可能并不理解的逻辑。如果家长能够这样去理解孩子，可能孩子和家长的生活都会轻松很多，应该也更会爱吧！

问：疫情对你和猫咪的影响是什么？

答：宠物可以感受到人类的情绪。疫情期间我非常焦虑，不知道是不是这个原因，包包的性格也有了一些转变——变得更加蛮横了，但是花花却更加不怕她了。当时的情况下，养猫相对于养狗来说好处很突出。我们楼下有一家养了两条大狗，每次下楼做核酸都能看到主人牵着兴奋的它俩，每天晚上听到它们跟别楼的狗狗隔空讲话，我都会想象它俩没有足够的外出时间得多憋屈。

面对突发状况时，人的自私很容易凸显出来。有一次，我和伴侣下楼做核酸，发现楼下有盛着乌龟的水缸，还有龟粮和其他器具，看起来是被抛弃的。我始终想不通，为什么乌龟这么容易照顾的宠物也会被抛弃，以及既然这么容易抛弃，为什么一开始还要养。

疫情初期，我最焦虑的是猫粮马上没有了，本来买好的猫粮物流信息一直延后到懒得更新。好在后来居委会开始发物资，我俩就在网上查什么蔬菜水果猫猫可以吃，实在买不到猫粮，准备就试试煮带鱼、胡萝卜和西蓝花给她们吃。后来好不容易叫得到附近宠物店的猫粮了，就高价买了两包小袋猫粮。

以后就开始焦虑别的问题了。我们小区一直有确诊，一直在阳性小区榜上，我就很害怕自己确诊。作为一个少有基础病、打过两针疫苗的年轻人，我完全不怕感染奥密克戎，更多的是担心假如确诊，花花和包包会不会被入户消杀。因为这种担忧，我尽量不去人多的地方，也没考虑去做志愿者。有人认为宠物方舱是解决方案，但我不赞同，我觉得猫猫应该跟主人待在一起。

流浪猫救助者、猫妈 emma 访谈

问：请问您的个人情况？

答：猫妈，女性主义者，医院护士，关注流浪动物权益的人。

问：可以介绍一下你的猫咪吗？

答：以前养过一只猫，我叫他老张，10 岁的时候因病去世了。现在养了一只公猫，为了纪念老张，我管他叫小张，现在 2 岁多，很皮，很活泼。

养猫是我从小的愿望，小时候我爱猫，我妈怕猫，所以一直

没有养。我家是丁克，但是和养猫没有直接联系，更多的是外因（大环境内卷等）和内因（对于养育孩子这件事缺乏兴趣）共同作用的结果，如果说两者有关联，应该就是丁克家庭有更多的时间、精力和情感用在宠物这方面，有孩子的家庭则不一定。

问：你认为自己是猫咪的妈妈吗？猫咪有其他家长吗？

答：我认为自己是猫妈，有的猫家长会觉得猫老了以后像长辈，我没有这种感觉，照顾老年猫只是让我觉得孩子老了。

平时我和配偶两个人照顾，他的工作在家时间长一些，陪伴猫咪的时间也比较多，他负责买猫砂、换猫砂、购买饮水器、给饮水器换水，我负责给猫喂食、梳毛、清理眼睛周围，而洗澡、剪指甲、去医院体检和看病这些合作完成。

配偶认同自己是猫爸，不过他养猫是因为我喜欢猫，他独身的时候不养宠物。老张生前更喜欢和他在一起，因为他陪伴猫的时间更长。在老张去世的时候，我发现我俩的悲伤情绪是不同的，我当天很崩溃，然后情绪逐渐平复，他当时冷静，还支撑着安慰我，但是随着时间的流逝，他的痛苦时间明显更长，适应起来更困难。如果没有和我在一起，他应该不会养猫，但是养了以后，他也会享受乐趣和承担责任，接受养猫是日常生活的一部分。

问：可以介绍一下你参与的流浪猫救助工作吗？

答：陆陆续续参与有两年多。之前养的猫去世以后，我投入更多了一些。主要是跟家附近的喂猫阿姨合作，一起做 TNR，她出工具和钱，我出力抓猫和接送做绝育，如果有人领养，在本市范围之内我负责送。在钱上我会分担一些，毕竟阿姨有好几个救助点，还要买食买药，家里也有几个毛孩子，经济上不是很宽裕。我们的救助有时候也和一些平台如"它世界"合作，因为有些猫很难抓，平台的志愿者的笼子和技术更好，我和阿姨请他们帮忙抓，我协助他们，同时负责接送绝育。

我接触的救助者不多，有的是通过救助群认识的，有的是阿姨介绍的，感觉主要分歧在于对领养人的审核标准方面，比如是否给猫喂天然粮，是否已婚已育，是否本地人，是否有房有稳定工作等。我能理解他们的担心，因为很多猫本来就是被遗弃的，容易应激，适应不了短时间内频繁换环境。领养人经济条件好一些，生活稳定一些，更让人放心。至于我个人，不会坚持天然粮，对我来说领养人的经济条件不是第一位的。其他条件视情况而定，我坚持的是绝育、不离不弃和有条件去宠物医院，有问题及时沟通和反馈。至于 TNR，有的救助者会放弃怀孕晚期的母猫，因为他们觉得对它们绝育＋流产和直接杀死小猫没区别，我不会。

有人对领养人的要求是已婚已育，因为很多人会在怀孕后（或者家里有人怀孕后）遗弃宠物，他们担心养宠物对小孩健康有影响，我送养的一只猫就是因为主人怀孕被弃养的。即使主人自己不想弃养，也可能顶不住家庭压力。所以很多救助人在送养审核时，比较看重已婚已育这方面，就是为了规避这种风险。

问：在养猫和流浪猫救助的事务中，你觉得有哪些性别议题？

答：我身边的亲戚朋友当中，女性养猫的人更多，参与救助的人也以女性为主。在养猫方面，我接触到的男性更在意猫的品种、花色等外型条件，女性则不怎么在意。感觉男性更倾向于把猫看作自己的宠物、附属物，女性虽然也会把猫看作宠物，但是当孩子看待的更多。

在救助方面，女性救助人得到的家庭支持很有限，她们会说自己不能再收养更多毛孩子了，因为年纪越来越大，担心将来自己生病或者去世后，家人不会帮忙照顾猫，会再次遗弃它。我接触到的女性救助人一般都是养猫＋喂猫+TNR，也会申请平台的帮助，和平台合作。男性救助人喂猫的很少，一般是流浪动物救助平台的运营者和志愿者。我认识的唯一自己养猫的男性救助人，他的猫也是我送养的。后来我们合作过，他负责暂时寄养，我负责审核，合作还算愉快。

我感觉救助工作中的性别分工、性别差异和育儿工作有类似之处，女性承担更多琐碎的、无偿的工作，男性参与不多，一般负责宣传、运营、TNR 当中的抓捕等。

问：疫情期间，你和猫咪受到了什么影响？

答：疫情期间，社区被管控了一周，因为之前囤了猫粮和猫砂，家里小张的生活没受太大影响。不过，TNR 的计划完全被打乱了，社区开始管控那天，我正好有只猫做完绝育要接回来，因为出不去胡同口，只能给宠物医院打电话，让猫再住一段时间，好在医院比较理解。管控期间，我和阿姨都很焦虑，担心猫在笼子时间长会应激，而且不知道什么时候才能去接，只能互相安慰、互通消息。一周后结束管控，我马上把猫接了回来，幸运的是猫的健康没受影响，伤口也恢复得很好。

猫咪照护者饭饭访谈

问：请问您的个人情况？

答：我的微信名字是饭饭，朋友们也都叫我饭饭。目前是单身中年妇女。前央企工程师，女性主义者，爱好阅读、跑步和撸铁。目前在加拿大读心理学本科，对学英语和中年时期如何通过学习提升认知能力有一定的心得体会。

问：你喜欢猫咪吗？为什么没有养猫？

答：我并不是一开始就喜欢猫的。父母都不喜欢小动物，小时候受父母影响觉得小动物很麻烦。高中时有同学家里养了一只19岁的老猫，到了猫生末期，在家里乱尿，尿到沙发上、床上、冬储大白菜上。我找这位同学借本书，上面都是浓烈的猫尿味儿，让我觉得难以接受。我就纳闷了，他们家是怎么忍受猫造成的混乱的？如果是我，一定会抓狂。

我是最近才开始逐渐喜欢小动物的，现在很喜欢猫。猫的长相很像婴儿，短小的尖脸，大眼睛，脸颊鼓鼓的，而且毛茸茸的，冬天抱着很温暖。目前没有养猫是有一些客观限制。比如，首先是租房时能接受养猫的房东很少，即使房东允许，养猫要比不养猫的租户额外多出租金和押金。其次是没钱。买猫粮、猫砂花不了太多钱，但一旦猫生病，就需要很多钱去看病。我最近几年在读书，没有什么收入，觉得没法承担猫咪生病的后果。我给自己未来养猫设定的客观条件是，长期定居在一个城市，有固定的工作和作息时间，外出旅行时能找到帮忙照顾猫的朋友。

问：你对养猫态度的转变有什么契机吗？

答：对养猫态度的转折始于一次心理咨询。从职业发展的角度考虑以及我自己个人成长的需求，我很早就找了个心理咨询师和我一起工作，给我做心理咨询。因为异地，主要和她在视频上咨询，她有时不去咨询室，就在家里和我视频。

有一次，我们正在咨询的时候，她的镜头前面突然出现一只猫，于是我知道她养了一只猫。一开始我也没说什么，但是不知道是第二次还是第三次，她的猫又跑到镜头前面，我就特别生气，质问她："为什么你要把猫放进来打扰我们咨询？"她很尴尬地说："不放她进来，她就一直挠门。"我更生气了，觉得她不把我当回事，继续质问："这是我买断的时间，你为什么不能把她关到厕所里？"她问我："把她关厕所里你会好受点吗？"我说："当然！她要捣乱就应该把她关厕所里，否则这世界有什么公平可言？"她说："我听见你说，一只猫凭什么可以这样肆意妄为而不受任何惩罚？"我听她这样回应，瞬间哭成狗。我意识到，我在嫉妒一只猫。她的猫什么都不用做，就可以赢得她无限的宠爱和包容，而这是我曾经非常想要而得不到的东西。

我对猫不懂事的嫌弃，来自我被大人嫌弃的经历。我从小就学会了要非常懂事，为别人着想，才能不被惩罚，不被嫌弃。我以为的人际关系和情感关系运行规则是在成长过程中潜移默化学到的，所谓的正确行为应该被奖励，而所谓的错误行为应该受惩罚，以此来塑造一个所谓懂事的孩子，这个正确与错误的规则视大人的方便和心情而定，无形中构建了一个不平等的权力关系。没有人尊重小孩子和小动物的认知特点，大人不关心你真正的需求是什么，也不理解小孩子、小动物只是在用他们的方式来表达自己的需求，而是非常粗暴地惩罚他们所谓的捣乱。

从那以后，我对小动物和小孩子都有了更多包容，愿意去好好照顾他们。看到他们活泼健康地成长，也感觉到，如果小孩子的我遇到像我这样的大人，当时就能得到很多的爱和很好的照顾吧！我的内心创伤被我自己对小孩子和小动物温暖包容的付出所治愈。所以我觉得，我心理上已经准备好了去照顾自己的猫。

问：你帮人照顾过几次猫咪，具体是什么情况？

答：至今为止，我帮人照顾过三次猫。第一次是帮上海的朋友照顾猫咪。朋友养了两只猫，其中一只猫得了糖尿病，需要定时喂食、喂药或者打针。因为照顾这只生病的猫，她长时间无法离开上海。我当时已经辞职，决定要去加拿大读书，临行前想去上海和成都、重庆见几个朋友，算是告别。那会儿有大把时间，正好上海的朋友接到外出开会的邀约，我就暂时在她外出的几天帮忙照顾猫。我从北京坐高铁到上海，接管了两只猫。两只猫因为家里进了陌生人，躲在厕所不出来。我也没啥照顾猫的经验，有点手足无措。好在朋友从离开家那一刻开始，一有空就回复我在微信上的问题，手把手教我怎么照顾猫。两只猫也很快对我放下了警惕，很快就适应了家里有一个阿姨照顾她们，每天睡在我脚边，有时候钻进我被窝，我有了一种被小孩子依赖的感觉。甚至可以说，这一次照顾猫的经历，我所获得的被依恋的体验，直接改变了我小时候对猫的看法。

第二次是帮我在加拿大的房东照顾猫咪。说是房东，其实是我早就认识的一个朋友，曾经在他家租住过半年。他是个闲不住的热心退休老头，号称白皮黄心，认为自己是文化上的亚洲人。他每半年会外出旅行一个月，全世界各地跑。我从他家搬出去自己租房住，因为离得很近，他外出旅行的时候，我就帮忙上门照顾一猫一狗。房东的猫是一只很老的猫，名字叫白雪。我每天早上去学校之前先去他家遛狗、喂猫、找屎。因为这只猫已经到了猫生末期，有点神志不清，行动迟缓，到处乱拉乱尿，我要满屋子找屎，然后扔掉。之后去学校上课，去图书馆自习，下午从学

245

校回家时顺路再去遛狗、喂猫、找屎、擦尿。走不动路的老猫不爱活动，我就给他从头到脚按摩几遍，让他感觉舒服一点。晚上八九点，我在外面跑完步又去照顾一遍猫狗。后来这只猫在我认识他十个月的时候去世了，终年21岁。我没有像不喜欢高中同学家里那只乱尿的猫一样嫌弃晚年的白雪，因为我和白雪已经建立了一定的感情，他在书桌上陪我熬夜的时候，我内心感觉很温暖。

第三次是和我外甥女一起帮她同学照顾猫咪。我最近在澳大利亚的妹妹家做客，外甥女的好朋友一家要去度假，我外甥女很喜欢猫，去朋友家玩，抱着她朋友家的猫不撒手。于是，她好朋友的妈妈就问我妹，外出度假时能不能把猫放在我妹家寄养。我妹全家都同意猫寄养一周。这只猫是一只布偶猫，名字叫露娜。我第一次见到时惊为天人，太漂亮了！更要命的是，这只猫脾气超级好。外甥特别淘气，各种折腾这只猫，露娜也没有发脾气，只是看到外甥来了就躲到床底下。日常外甥女负责喂猫、铲屎，我负责陪玩、按摩。晚上，猫会跑到我房间趴在我腿上打盹，我睡觉她就趴在我枕头边上，比我先睡着，也比我先醒，醒来后就去各个房间溜达，看看大家都在干啥。照顾露娜是我照顾猫经历中最轻松的一次，毕竟露娜是传说中别人家的猫（实际上真是别人家的猫，我无福拥有），特别好带。我最得意的是，这么多人都喜欢露娜，但是露娜最喜欢睡我床上！

我觉得我是这些猫咪的阿姨，我把他们当成小孩子。猫从外貌和性情上来说，至死都是小孩子。我从几次照顾猫的经历上获得了被他们深切依恋的良好体验。我一开始并不是因为喜欢他们才去照顾，而是照顾他们之后才喜欢上他们的。

问：你觉得女性照护猫咪有优势吗？

答：不一定，我觉得这取决于是不是真的喜欢猫。比如我房东是男性，他养过两只猫，一只22岁去世，一只21岁去世，都是高龄。他的两只猫都没有生过病，一方面是猫天生体质好，另一方面也是他照顾得好。去年他的狗得了糖尿病，他就放弃了外出旅游，每个月带狗看兽医，每天给狗打两针胰岛素，全心全意照顾生病的狗。他真心喜欢小动物，愿意照顾他们，给他们最好的生活。但是我要承认，我日常生活中见到的多是女性照顾小动物，非常少见像我房东那样的男性。

我不觉得女性照顾猫咪有优势，我觉得是不得已。像露娜寄养在我妹家那次，妹夫也喜欢猫，会偶尔陪玩，但不会铲屎，也不会给猫准备吃喝。实际上，如果是我妹家养猫，最终还是她或者孩子的奶奶承担吃喝拉撒睡的照顾。

问：你照顾过小孩吗？跟照护猫咪比较起来怎么样？

答：我帮我妹妹照顾过小孩，照顾猫和照顾小孩有很多共同点。比如，猫和幼龄儿童都有不懂事的一面，可能某个时刻为满足自己的需要，不会考虑照顾他们的人此时此刻的心情和身体状态。当他们有需要的时候，只想立刻得到满足，否则就会闹起来。

你和猫讲道理肯定不行，他们才不管这一套。那你就还是得尽量满足他们，实在满足不了，也别责怪他们给你添了麻烦，这些麻烦本来就是养育者应该承担的。幼龄儿童也一样，有时候没法讲道理，讲了也是白讲。这非常考验养育者的耐心。我学过心理学，知道儿童的心理特点，一般来说不会跟他们着急生气，会很有耐心，想办法转移他们的注意力，对猫也可以试着这么做。

现在有些人讨厌熊孩子或者不听话的小动物，就是讨厌他们不懂事，给自己或者旁人添麻烦。熊孩子也好，小动物也好，让人头疼的那些特点确实是不懂事，不管不顾，只管自己得到满足，很多人把这归咎于缺乏家教，家长惯坏了孩子。从某种程度上来说，家长确实有一定的责任，但更多的是和小孩某个年龄段的认知特点有关。如果遇到熊孩子，可以提醒父母负起责任，但不应该责备孩子，更不能因为自己受打扰就收拾熊孩子，如果可以，还要认真倾听他们的需要。自己有不听话的宠物，也应该用最大的耐心去对待他们，而不是为自己一时的方便而惩罚他们，让他们心生畏惧，这样对他们的心理伤害非常大。

我根据自己的观察认为，如果一个人婴幼期和童年得到过养育者很好的照顾，成年后也会很愿意照顾孩子，照顾小动物。

问：据你观察，国外和国内养猫的差异是什么？

答：我在加拿大的街上没有看到过流浪猫，但是会在 Next door 这个 APP 上经常看到邻居发帖说，家里的猫没回家，问有人看到没。这说明很多人是散养着猫，白天放猫到外面玩耍，晚上猫自己回家。在加拿大如果有人想养猫，就要去宠物商店购买，或者收养别人弃养的猫。如果能在街上抓到猫，大概率是谁家散养的猫，你抓走了，主人家就得到处贴寻猫启事。所以我也见不到有人喂养街上的猫。

问：国外在新冠疫情期间，宠物猫的主人遇到了哪些困难？

答：疫情期间收养猫的人数不断增加，因为疫情，人们不得不在家里工作，或者大多数时间待在家里，缺乏社会接触，猫很好地陪伴并抚慰了人们焦虑的心。邻居收养的蓝猫胖虎就是一个留学生弃养的，这个留学生因为疫情没法回到加拿大继续上学。他在2020年4月回国，临走前把猫寄养在当地一个同学家，没想到走后就没有机会再回来，只能把猫送养。疫情期间留学生弃养的宠物不少，多是因为回国后没法再出来。当然，很多留学生学成回国也是弃养的主要原因。

至于遇到的困难，可能是在疫情初期，加拿大有很长一段时间社会停摆，不管是猫生病还是人生病，只要不是急症，医生都只电话接诊，听人描述病情，看轻重缓急，或者开药，或者做检查。如果要做检查，不是急症要等很久。疫情期间，可能有些猫因为看病困难而耽误病情。

经济困难也是养猫人在疫情期间会遇到的。我一个朋友疫情前在航空公司工作，因为疫情，国内国际飞行都大幅缩减，他失业了。拿了几个月的失业救济金和政府补助，刚够生活费用。失业救济只能拿几个月，拿够时间了，航空公司还没有恢复正常，他就去打季节性零工。还好他的猫没有生病，如果在此期间生病，医生会不会接诊不说，要付医疗费没有钱，可能会欠上不少信用卡债。

猫兄弟猪头猫高垒访谈

问：请问您的个人情况？

答：猪头猫，俗家姓名高垒，指派性别为男。由于太穷，不得不上班穷忙，上班时装成普通直男，娘气只能藏在心里。总之，混得很失败。

问：可以介绍一下自己的猫吗？

答：自从搬出爸妈家自己住，这几年养过好几只猫，有自己的，也有朋友的。目前家里有一只猫，叫"冰糕"，是 2016 年捡来的。我把他捡来时，他已经成年，带去宠物医院体检、清洁、打预防针时，医生估计他一岁左右。照此算，如今他已是 7 岁的老猫。今年春天，他的好几颗牙坏掉了，不得不手术拔掉。这几年，他对逗猫棒等玩具的兴趣越来越低，有时候很黏人，很可爱，但和其他动物无法相处，朋友的猫无法在我家寄养，除非和冰糕完全隔离。

问：你怎么看待自己的猫咪？平时怎么照顾？

答：我从小就特别喜欢猫，某种程度上，我觉得我和猫咪是同类，如同兄弟姐妹。平时我每天给猫厕所铲屎，把水碗里的水换掉，每两三天加一次猫粮，每一两周喂一盒罐头。平均一年剃毛一次。有空陪猫玩，爱抚他。但冰糕不喜欢被抱着，会挣脱。他喜欢主动找人，但不喜欢任别人摆布。这些年冰糕一直比较健康，平均一年去两次左右医院，算是比较省医药费的。

问：通常认为女生爱养猫，作为男性，你觉得养猫与你的性别气质相符吗？

答：男女二分就很扯，而且无论建构出怎样的性别划分标准，个体差异都很大。女生被鼓励和要求可爱、没有攻击性，女孩的玩具如洋娃娃也突出这个特质。猫和狗比更符合这个特质。从群体看，所谓个人偏好，往往和被培养、被鼓励的事物有很强的正相关，就像海边河边长大的，喜欢游泳的比内陆旱地的人多。但具体到个人，就是另一码事，例外的个体也很多。养猫养狗和性别的关系，也类似。

问：有人认为女性主义者爱养猫，你怎么看？

答：这类小伙伴养猫的确实不少。狗认同等级尊卑，对主人服从，对其他人，看人下菜碟，有时狗仗人势，很凶。而猫截然不同，对任何人，只有是否安全和是否喜欢的判断，以此决定亲疏，没有等级观念。猫咪的心里，不承认谁是主人，平时和猫相处，是平等的朋友。猫对人没有攻击性，也不会臣服于人类的暴力秩序、权力等级。猫咪的这个特质和女权主义有共通之处，这可能是女权主义者爱养猫的原因。

第二辑 多元家庭面面观

　　这一辑收录了6位猫友的访谈。4位是伴侣合作养猫，其中两位是一起接受采访的；一位女性虽有家人帮忙，但主要是自己承担抚养责任；还有一位女性在核心家庭中。独居者养猫的不少，前一辑已有两位，这里没有再收录。伴侣的情况比较多元，不限于传统亲密关系。在核心家庭中，家庭成员跟毛孩子的关系更加复杂。而在多猫、多物种家庭中，宠物之间的相处也需要考虑进去。这一辑中将自己和宠物的关系定义为朋友、同伴、室友的更多，也有认同为妈妈身份的，但这里的妈妈跟人类的妈妈有所不同，且妈妈也可以是生理男性。总之，宠物作为家庭成员，相对于人类幼崽而言，给人们带来了更多元的家庭体验，在一定程度上突破了传统异性恋家庭的窠臼。

无疆 &Nile：我们小家庭的成员

　　问：请问您的个人情况？

答：我是晓虎，"80后"男生，目前定居上海，从事广告相关行业。

问：可以介绍一下自己的猫咪吗？

答：家里目前养有两只公猫（已绝育）。一只是在宠物店购买的，名字叫"Nile"；另一只是在路边捡的田园猫，名字叫"无疆"，取自古文"无疆之休"，意思是无限美好，无穷幸福。

Nile是在2019年购买的。当时在巨鹿路闲逛，路过一家宠物店，透过橱窗看到它，大大的耳朵，圆圆的眼睛，隔着橱窗跟我们对视，一下就被它给吸引了，像一只小精灵！Nile是阿比西尼亚猫，网传阿比西尼亚猫是最接近古埃及猫的品种，所以取名为Nile-尼罗河。

其实在看中Nile时，我们并没有马上决定要养它，虽然我们之前就非常喜欢猫，但仅限于"云吸猫"的范畴。我们清楚一旦决定养宠物，就要照顾它一辈子，这对我们原本的生活会有很大影响，需为之改变生活模式及习惯。我们向有养猫经验的朋友讨教，做了很久的商量，最终才决定把Nile接回家。在Nile回家的第一周，因为对陌生环境的应激，它躲在一个靠墙的边柜底下，我就顺着它在那个角落铺上了垫子，那儿便是Nile到家后的第一个"窝"。

后来通过朋友介绍，认识了一位上海的宠物行为治疗师，她来家中观察并指导如何与猫和谐相处，提了非常多宝贵的建议。

比如猫猫喜欢推桌上的物品，可能把水杯打翻甚至摔碎，这是它们的天性，想要改变不可能，能改变的只有我们自己。我们就把家里易碎品全部收到有门的柜子里，常用器皿比如水杯都换成了金属制，给大部分无法收纳的乐高积木、玩具模型加装了透明外框，尽量避免把细小易碎的东西裸露摆放，甚至把一些大件家具都更换了，为的就是给 Nile 创造一个可以肆意玩耍又不用担心它搞破坏的环境。

Nile 这个品种的猫非常好动、精力旺盛、好奇心特强，总是东窜窜西摸摸，神出鬼没。我希望能让它在家里自由活动，不能接受一些宠物家庭用猫柜、猫笼，把猫猫关起来。直到现在我们也在不断更新居家环境，希望在满足自己舒适感的同时，对宠物也是友好的。

因为我俩工作都比较忙，怕 Nile 独自在家寂寞，一直想着给它找个伴，只是没想好到底是再买一只，还是领养一只。犹豫之际，缘分悄悄来临，我们跟无疆偶遇了。某天，我在早高峰的路口等红绿灯时，突然发现一个小毛团一动不动蜷缩在路边的白色实线上，我当时第一反应是这一定是只猫，虽然不确定死活，但在马路上太危险了，过往车辆稍不留神就可能压到它，把它救起来后发现它还活着，便松了口气。我朋友轻轻把它捧在手心，瘦小、虚弱，看大小感觉才出生 10 天左右，搞笑的是，不一会儿它就在我朋友手心拉了便便。我们驱车直奔宠物医院，给它做全身检查，还喂了吃的。它当时饿坏了，喂的宠物羊奶一口气全喝光。

检查结果出来，发现它的右前肢是残疾，骨头完好但没有知觉，可能是肌肉或神经方面的先天缺陷。给它取名无疆，是希望它即便有肢体残疾也一样可以自在奔跑。

无疆刚到家时，有点担心两只公猫无法融洽相处，没想到 Nile 非常友好，隔着门小爪爪还在缝隙间来回互动。熟悉彼此气味一周后，才把它们放在了一起。现在无疆两岁多，跑动相当灵活，开始还担心少一条前臂的它会行动不便，现在看是多虑了，在家上蹿下跳地跟 Nile 嬉戏打闹，Nile 甚至还斗不过它。

我现在还会经常想起那天早晨，我朋友双手小心翼翼地捧着只有那么一丁点儿大的无疆的样子。怎么会那么巧呢？就在我们考虑养第二只猫的时候，无疆就这样出现了，仿佛是一个注定的"礼物"。后来我把脑海中的画面制作成了个小泥塑，用物理的方式把那一刻的记忆给留存了下来。

问：你认为猫咪是自己的孩子，还是其他？

答：我觉得跟猫咪的关系挺微妙。我不会把它们当成我的孩子，对我来说，它们不是我的"孩子""亲人""朋友"，但它们却是我们"家"的一部分，是我们这个"小家庭"的家庭成员。猫是很独立的物种，有时候，我觉得和另一个物种亲密无间在一起，能细致入微地观察它们的生活，也是件很有意思的事。

问：猫咪有其他家长吗？平时照顾中是否有分工合作？

答：我和我的朋友生活在一起，共同抚养猫猫第三个年头。最基础的分工是他负责铲屎、定期清洗猫砂盆，我主要负责日常饮食饮水。不过现在家里的猫砂盆、喂食机都是自动的，所以平时照顾它们倒也轻松，日常互动更多是逗猫、梳毛、修指甲、喂零食。两个人平时都会细心观察它们的动作、行为有什么异常，也会互相提醒定期驱虫之类的事。

问：猫咪生过病吗？治疗和家庭护理的情况如何？

答：无疆目前有膀胱结石，小小一颗，不算很严重。最早对宠物结石不是很了解，医生说它有一点点血尿，导致我们当时很紧张，想要尽快手术。后来我们在家反复讨论，还是决定先保守治疗，吃药观察能否治愈。虽然宠物结石手术已经相当成熟，但毕竟是在身上动刀子，代入我自己，必然不会愿意为了一颗结石而挨刀，除非危及生命。在服了一个月药后拍片复检，看到结石缩小，我们才放心不少。目前正在服第二个月的药，等吃完再去复诊看看情况，希望可以不让无疆挨刀，就治愈它的结石。

问：男生通常养狗的多，你们为何选择养猫呢？

答：当然是因为猫猫更可爱啊！我们俩都比较忙，狗需要每天出门遛，对我们来说过于麻烦，个性相对更"独立"的猫更适合我们。我们俩喜欢旅行，疫情前每年出国旅行平均4—5次，短途 3—4 天的中国周边游，长假出游可能近半个月都不在家。开始养猫了，对我们旅行的影响很大，做计划时都提前跟熟识的保洁阿姨联系好，拜托人家 2—3 天来家里帮忙照看，清洁一下。家里也装有摄像头，即使不在家也可以随时观察他们的生活状态。

问：疫情期间，你和猫咪受到了什么样的影响？

答：疫情期间我在家两个多月，刚开始它们还挺黏人，时间长了，感觉它们也都烦了，躲我们远远的。其间最大的担心是断粮断砂，我平时买猫用品喜欢多囤一点，所以宠物用品储备基本还够，但后期压力逐渐变大。当时家里储备越来越少，心里越来越慌，千方百计在网上补充了一些猫粮。在那段时间，家里两只猫带给了我们不少慰藉，是一个非常重要的解压通道，第一次那么长时间的陪伴，更是愈发觉得不能失去它们。

王阿美：你来了挺好！

问：请问您的个人情况？

答：我是王泡小泡，（19）82 年生，目前住在北京，工作算是一个写字的吧，只是没有靠写字赚到什么钱就是了。家中有猫有狗。

问：可以介绍一下自己的猫咪吗？

答：其实从来没有想到过自己会养猫，遇到王阿美之前，家里只有一条小狗。我家住在河边，每天早晨，就去河边遛狗。有一天，还是遛狗，正走着，突然感觉后面有一只猫在跟着，我停下来，她就停下来，我走，她就继续跟着我走。我转身问她，你跟着我干什么？她一下子就跳到了我的怀里。

当时，我以为她生病了，因为她很瘦，可肚子很大，看起来很没有精神。不忍心就这样把她扔在路边，就带着她去医院做检查。医生说她怀孕了，肚子里面有六只小猫，还有十天左右就要生产了。医生问我，打算收养她吗？我当下也没有别的办法，就把她抱回家，赶紧联系宠物店的老板，给我送了一个很大的猫笼子，还有猫粮和猫砂盆。因为家里有狗，担心狗会伤害她，就把她养在笼子里面。

她性格很温柔，开始几天很饿，总是吃很多东西，之后就好了，整天睡觉。十几天后，半夜我正在看电视，突然听到小猫的叫声，激动坏了，开灯去看，发现她已经生下了两只小猫。我就守在旁边看，一直到第六只的时候，她没力气了，没办法把小猫身上那层膜给舔开，我就用湿巾帮着把那层膜擦掉。六只小猫都活了，都很健康。小猫在我家成长了两个月，都被领养走了。

我当时也纠结，要不要继续养这只大猫，感觉很难有理由说服自己放弃她，又感觉跟她有很奇妙的缘分。于是，就去给她做了绝育，留在身边，不知不觉，已经快三年了。

问：你说王阿美是女儿，阿美生小猫时自称外婆，是把阿美当女儿看吗？

答：我是把王阿美当女儿，有时会夸她，说她是世界上最好看的猫。捡她的时候她是怀孕的，很快就生了小猫，我没经历她小时候的成长，所以觉得她是个成熟的女儿，很贴心，不觉得她是孩子，觉得我们是平等的，可以聊天交流那种。我总觉得她是这个家的女主人，就有这种很奇怪的感觉。每次我出门，带着狗下楼之类，回到家，看到她坐在门口，在等着我回来，就会觉得很安心，很有安全感。

我和她的相处，经历过一段不和平时期。当时是因为我从外面又捡了一只小猫回来，她非常生气，我没想到她会那样生气。她表达生气的方式，就是在我的床上撒尿，拉屎，不吃东西……我跟她冷战了好几天，发现她平时那么温柔，可对这件事情，态度却非常坚决，她就是容不下那只新来的小猫，没办法，我只好帮那只小猫找了领养。小猫送走后，我跟她道歉，当天她就跟我和好了，晚上睡觉的时候，主动到我枕头边，把头放在我的枕头上，跟我一起睡觉。从此我便知道，她是家里唯一的猫，她只能是家里唯一的猫。

问：猫咪有其他家长吗，平时照料是否有分工合作？

答：我跟男朋友一起生活，男朋友喜欢猫，但只会给猫买吃的，买零食，并不会真的去照料她。每天喂水、喂饭，清理猫砂，给猫洗澡，都是我独立完成。我跟男朋友是分房睡的，只要我在家，猫就会在我的房间，躺在我的床上，每天晚上也是睡在我的枕边，很少会离开我。

问：猫咪有生过病吗？治疗和家庭护理的情况如何？

答：很幸运，除了刚捡回来和绝育的时候，带她去过医院，其他时候都很健康。印象最深的是带她去做绝育。从手术室出来，麻醉过了后，她第一个看到的人是我，软绵绵，爬到我的怀里，她的伤口用纱布缠着，医生说，要给她戴脖圈，防止她舔伤口。到家后，她很不喜欢那个脖圈，各种暗示，让我帮她拆下来。我指着她的伤口说，你要保证，如果把脖圈给你摘下来，你不准去舔伤口，绝对不准舔。隔天，我给她摘了脖圈，她果然不去舔伤口，没几天，伤口就痊愈了。

问：家中猫狗俱全，它们有什么共性和差异？

答：家里有猫有狗，会发现，有时候猫会狗化，狗也会猫化。我家里的猫和狗，大部分时间，都是守在我旁边，我看书，他们就在我身边睡觉，我写小说，他们也很安静。偶尔会打闹，关系很好。

如果有朋友带着家里的狗或是猫来做客，他们会联合起来一致对外。有一次，朋友要出差，想把家里的狗送来养几天。当天晚上送来，我家的狗去咬他，猫去挠他，没办法，朋友只能把狗带走了。反正，他们挺默契的，不允许家里再来新的猫狗，这个家，只属于他们两个。

夹竹桃家的小懒猫——大头

问：请问您的个人情况？

答：我是张竹，深圳的一名打工人，在一家公司做研发。家里有只爱踩肉的小猫。

问：可以介绍一下自己的猫咪吗？

答：小猫咪江湖名号大头，昵称大头乖乖、头宝、小头、头头、小乖乖等。大头今年三岁，年纪不大，已经经历了两次生活环境的变化。第一次是它得了尿结石，铲屎的在宠物医院遗弃了它，后来医院找到我们的朋友蘑菇接手。蘑菇领养后，大头和它的小伙伴十一、袜子一起生活了两年，之后蘑菇去了北欧。我是它的第三个铲屎官，从蘑菇那里接盘大头的前一周，本想提前去接，但蘑菇很舍不得，说想和大头再多待几天，于是我们准时在7月1日那天迎来了大头。蘑菇最后带走了袜子——她的第一只猫，十一也被送到朋友家，三个小伙伴就这样分开了。

大头是一只典型英短，之前听闻英短很懒，但我着实没想到，这么懒。有一次朋友说她逗猫逗十分钟猫就累得不行了，我说：啊？十分钟就累了？然后她给我发了她逗猫的视频，她家猫是飞起来跑酷的。我低头看了看大头，感慨大头好像跳起来 4 次就会力竭，以至于每次逗猫，我感觉我比它做功还多。

和大头的日常也有一些小烦恼，比如它喜欢四点半到五点半在卧室门口喵喵叫门。起初我会挣扎着起来喂饭，持续了几天，被它叫得精神衰弱了，后来蘑菇说，小猫咪可精了，它知道叫门会有饭吃，就天天叫，不理它，反而就不叫了。于是实施，事成。大头逐渐习惯了七点多吃饭，于是周末一到九十点钟，饿得不行了，就开始在卧室门口"撕心裂肺"地用烟嗓喊人给它喂饭，一直喊到桃妈受不了为止（前面几次它叫门不理之后，我已经能在喵喵声中继续睡了）。

问： 猫咪有其他家长吗？平时照料是否有分工合作？

答： 虽然自称是大头的妈妈，但我本身是丁克，X 妈对我来说只是一种称呼，没有把它当孩子看待。我女朋友桃妈是大头的另一个监护人，我们共同履行抚养义务，但没什么具体分工。因为我和桃妈身处异地，所以主要是我在照顾，周末桃妈回家，会多陪陪猫咪。桃妈见大头的时间比较少，就会非常酸我能天天和大头在一起，每次我们视频，她最常说的第一句话就是"快，给我看看头头！"但小猫咪是不懂"桃妈想你了，你想桃妈吗"的，哈哈！

问： 猫咪有生过病吗？治疗和护理的情况如何？

答：对养猫多年的铲屎官来说，毛球症是再常见不过的小毛病，但我第一次看到吐在地上的猫粮时，非常担心，第一反应是要带它赶紧去医院。抓猫的同时也在问朋友和同事，大家反应都很淡定，说是毛球症，又在沙发底下看到它吐出来的一坨毛，有了证据，终于彻底放下心来。打开猫包，大头"嗖"的蹿出来，又蔫蔫地趴在窗台不动了。

　　因为毛球症，大头蔫了一天，其间胃口不好，对什么都没兴趣，和它的猫设非常不符。趁它蔫蔫的时候给它好好梳了梳毛，喂了三天的化毛膏，还给湿粮掺水，诱导它喝了很多水。可能它自己也知道要多运动，稍微好些了，就特别好逗，活蹦乱跳，一晚上拆了四个毛线球。康复后，大头又变成了饿的时候嗷嗷叫得"凄厉"、莫名其妙就满屋乱窜的小猫咪。

　　前文说到，大头在我们接过来前就患有尿结石，医生说继续吃处方粮就好。目前除了尿结石要继续护理，其他都很健康。大头来家里后，蘑菇给了我一本《猫咪家庭医学》，了解了一些猫咪疾病前兆和日常护理方法。希望以后的日子，它可以健健康康，一直不生病。

　　问：你提到要关心小猫咪的心理健康，不能做中国式大家长，可以具体说说吗？

　　答：小猫咪不会说话，但它能够感受和表达喜欢、依赖、讨厌和恐惧。我们虽然是饲主，但不代表可以控制和强迫猫咪，应该耐心感受、理解它的情绪和需求。桃妈也说："要尊重小猫咪，它和我们是平等的。"

在发现大头喜欢爱的表达后，我们常和大头"表白"。大头刚来我家时，我们了解到，猫虽然听不懂人在说什么，但话语里的情感色彩是能听懂的。大头第一次亲桃妈时，桃妈低声在它耳边说：大头乖乖，我好喜欢你呀！然后轻轻亲了它的脑袋，于是大头也抬起脑袋轻轻亲了桃妈一下。这一招在我们家屡试不爽，大头一直都吃这一套。

大头喜欢主动，不喜欢被动，但很识时务，知道错了就认怂。对于这种行为，桃妈称其为"无法言说的边界感"。我和大头现在每天互不干涉，它来蹭蹭我，我就摸摸它，我想逗逗它，就拿零食引诱它。这种边界感被打破，就是大头知错认怂的时候。大头不喜欢被碰爪子，所以我不常给它剪指甲，导致有时候我在缠毛线球，它在旁边蹲着看，猝不及防一爪子就会误伤我，然后我摁住它一顿剪。挠人了我就给它剪指甲，不会多骂它或者凶它，因为骂了凶了也没用，还让猫白白害怕。

一个日常：桃妈说我每次给大头剪指甲，都是在大头挠了我、见血之后，明明我没说话，但她听剪指甲的节奏都能听出来我生气的情绪，咔咔剪得很快，而大头也老老实实的，不跑不叫乖乖伸爪子让剪。大头确实很乖，刚来的时候还挠过几次沙发，桃妈每次都是握着它的爪子跟它说不能挠，后来它就不再挠了。

我们一直在学着体会大头的情绪，认真对待它的情绪反应。8月底，我们出去露营，把大头寄放在朋友家，去的路上大头在猫包里应激很严重，后来接它回来的路上，我便把大头放出来，大头在车里走了两圈，趴在驾驶座中间扒着我的胳膊睡着了。回家后，大头很没有安全感，跑到床上和我一起睡，平时相处也表现得比之前更怂更胆小。经过这次，桃妈说大头不喜欢出门，便不再带它出去。

十一长假的时候，大头一只猫在家待了4天，猫粮全吃完了，整只猫还胖了一圈。可能是太久没见到我们，那段时间大头表现得很矛盾，有时候躲着，有时候出来蹭一蹭人。它躲着，我们就尊重它的私猫空间，它出来，就陪它玩，但大头到现在都没有恢复到十一前很爱蹭着我们睡着的样子。

和小猫咪相处的时候，我们会刻意地在意尊重和平等。其实，我们和小猫咪的关系介于亲人和朋友之间。我们认为"猫咪作为宠物受尽宠爱，所以猫咪很幸福"是个伪命题，它陪伴我们是牺牲了它的自由，得到最大益处和幸福感的是人类，因此我们会尽自己最大能力去照顾和爱它，希望它短短的一生能够健康快乐。

猫神乐的朋友们访谈

问：请问你们的个人情况？

答：阿荒（女）、冷侃（男），现居上海的无业游民，最近自学日语很起劲来着。

问：可以介绍一下自己的猫吗？

答：阿荒：猫神乐有好几个名字的，神乐、乐乐、乐～、berber（摘取了川话"哈ber"中的"ber"）。人搞怪叫她各种名字，一开始她晕头转向的不知道哪跟哪，到后头竟然也能照单全收，只是耳朵竖起来、屁股对着你，压根不想理人。这跟她踢纸球球的时候不太一样，只见她身影敏捷闪过屎盆子，严肃宛若虎崽，左右腿开弓对踢运球，必要的时候不惜犯规用双手抛掷，点步腾飞再单手来个空中捞月，突然一个巴掌"呼啦"拍向地面，落地跟上滚动的球后，她竭力往前曲线突破——简单来说，从足球到篮球再排球，她可以丝滑衔接。对了，玩球的时候她也有名字：神·贝克汉姆·乐。

神·贝克汉姆·乐喜欢吉他，讨厌口琴，口琴的声音一响起，她就觉得好像被卷进飓风中无限上升，又狂暴又危险，因此不得不气冲冲地上前打断人，顺便骂两句。她喜欢甜食多过纯肉类，讨厌孩子的哭声，甚至可以说，讨厌一切有杀伤力的声响。为了以身作则，才出生不久的她一到家就从来不说话，第一晚摊成一块布躺在人的枕头边睡得不省人事，从此以后拒绝攀附人类的腿。因为人类总是忍不住要对她搂搂抱抱，早晚无数次吻，还总在她睡觉的时候去骚扰她，摸摸她的头、按按她的小垫子，让她烦得要死。她脑瓜子一转，依葫芦画瓢，对人类进行了长期的同等骚扰，从此落下了"berber"的外号。

berber 头小身子长，花纹长得乱七八糟，还长短毛相间，颜色的分布毫无规律，但她极限冲刺的时候多么像一只野豹子啊，她站在高处俯视人类的时候多么有老虎的威严啊，但她就这样不合时宜地被圈养在人类的房子里。当然也不是一贯这么帅气的，有好几次她的高地探索失败，因为冲撞家具而顶着半边肿胀的脸和微微张不开的眼睛，讪讪地走出房间时，她心里一定是怕人类无情的嘲笑，找到一个据点躺下装作什么也没发生的她一定是想随便糊弄过去的吧！她拂手拒绝人类的关心时心里一定在想，她还要保持尊严以便随时使唤人类呢！

问：猫神乐是怎么来的呢？

答：阿荒：猫神乐自出生后，就和一窝兄弟姐妹们跟着猫妈妈在上海的大街上流浪了二十多天，之后好心人收留了猫妈妈，再在网上寻找各个小猫的抚养者。面对这个危险的世界，她毫无经验可学，却隐约能叫出那些"失去"的名字：先是没了妈妈，接着眼睁睁看着玩伴们一个接一个地全部离开，留自己独守空房。见到神乐的时候，她还是个小不点儿，但她是被猫猫世界所遗弃的独一份，她以后所展现出来的全部复杂个性，是包含一切过去和未来的阿莱夫 [1]。

---

[1]　阿莱夫（ℵ）是希伯来文的首个字母，数学中代表无穷数、无限的集合。

问：你怎么看待猫咪？是当成自己的孩子还是别的？

答：阿荒：想跟她做朋友，但说是监护人好像更合适呢！大多数时候，我们在朋友、同居人、主仆的关系中流动。因为要照顾她吃喝拉撒，免不得有时还要装作严肃地进行思想教育，她都是左耳进右耳出，随时挑战人类的界限，自建权威。怎么说呢，顺服只会让她感到自己的骄傲受到损害！她呀，和宠物猫压根就是两个物种。

只有一件事她会流露出自己的脆弱：当独自在家的时候。那时她会对天号叫，在人类回来后"喵喵"叫个不停，还使劲蹭人类。说不清她是在哭诉还是骂人，但是世界上怎么可能还有比这更好听的声音呢？

问：猫咪有其他家长吗？平时照顾猫咪有分工吗？

答：阿荒：在猫神乐的照护上，人类朋友会秒变仆人。男女各一个，也没特意交流过，谁空谁就去伺候，谁做得好就做，另一个做其他擅长的事务，谁少做了大概也会在下次多担当一点，总觉得明确的分工这种事会把人变得冷冰冰的。

不过根据人自身的特质的确也生成了一些轨迹：神乐会在早上缠着男仆人玩耍，他会魔法一般变出各种形状的纸球球和棉签，会在屋内拉弹弓，会用镜子和光在墙上画画——这些可太好玩了，永久性取代了从商店里买回来的所有玩具；在晚上则缠着女仆人要吃要摸，等着一起回卧室。女仆人的话可比男仆人的听起来好受多了，自然也就更愿意亲近啦，嘻嘻！

除了每天换洗食盆、铲屎，还有一个大体的时间它会提醒人类，是时候该给她剪指甲、洗澡、换洗和消毒屎盆子了，这几项都是合作式的。承受完这些，她会带领慢腾腾的仆人冲到零食区，昂起猫脑瓜子愤愤地表示：虽然你们服务了我，但是必须、马上用零食补偿我！

冷侃：照顾她的过程，是人类朋友的认知和习惯被逐渐调理的过程。接神乐回家之前，查了不少资料，做好了能预想到的所有准备，才鼓起勇气把她接回家的。刚到家的一段时间，她除了过于兴奋和调皮，其他基本上都能按照人预定的模式生活：几点吃饭，几点玩，什么时候吃零食……

渐渐地，她有了自己的判断，她发现目前的生活并不是理应如此、无法改变的，便开始了大胆的尝试：猫粮吃腻了，那就饿自己一顿，反正碗里总不缺；拒绝几次单一的零食，仆人就会绞尽脑汁换上别的；被关上的厨房和卧室的门，通过不断模仿仆人手部的开门动作，已经能够畅行无阻；无聊的夜晚也不必独自忍受，蹦到仆人床边，咬一口脚趾，挠一下小腿，就能欣赏他们无能狂怒的蠢样。当然代价是有的，却那么少：被两个目光呆滞、言语迟钝的家伙训斥，偶尔还会被拍一下脑袋，扇一下屁股，一段时间吃不到好吃的——老实说，这和敌退我进、敌疲我扰那妙趣横生的新生活相比，都算不得什么。

再过一阵子，人类惊奇地发现，零食早已换成了猫神乐认可的口味，通过关门设立的禁区已经被全部打破，甚至连自己的作息都被她完全改变。可以说，在她英明的"领导"下，这片流动殖民地的发展迈上了新的台阶。

问：房东对养猫有什么意见吗？是否会增加房租？

答：冷侃：带着神乐一起住过两套房子。第一位房东对养猫完全没有意见，据我们所知，上一位租住的房客也养猫，这一套房的房东不打算再住，既不在意卫生，也不在意家具。目前住的这套是第二套，房东是一对年逾70岁的老人，他们对养宠物比较忌讳：第一是他们本身相当爱整洁，我们在看房的时候甚至以为这套房是装修好后没有入住的房子（他们已经住了接近十年），老人对家具的爱护可想而知；第二是他们还打算搬回来住，或许是不希望回来后还要重新置办家具。

在与第二位房东沟通的过程中，一提到养猫，他们是一口回绝的，后来经过磋商，将季付的房租变为半年一付他们才勉强同意。我们也做出了相应的保证，一本正经说了些"科学养猫""严加管教"之类的鬼话（当时对神乐的了解还停留在表面），当然全都落空了，想来将来退房的时候免不了要赔一笔不小的费用。

搬入第二套房后，为了不让神乐抓家具，我们买了猫爬的通天柱，前后配了几个猫抓板，给沙发也配了布罩，还买了不少小玩具，但可谓是防不胜防，与一心捣乱、心如磐石的神乐角力，

271

人类一败涂地。

阿灿：让我们在诗情画意里一起治愈世界

问：请问您的个人情况？

答：本人老张／小张（多年前是小张的时候急着成为老张，多年后成为老张又往往自我介绍为小张），曾经的教师、民警，现在是从业二十余年的律师。罗翔老师提醒我们要爱具体的人，我想我的猫咪就是具体的存在，所以我很爱它们。

问：可以介绍一下自己的猫咪吗？

答：本人的养猫史较长。小时候家在农村，养的是普通的家猫，它们跑、跳、攀爬能力超强，悬空吊在屋中央菜篮里的鱼也能被它们偷吃掉，室外的树更不在话下。那时候的猫啥都好，就是不干净，有跳蚤。我还记得自己坐在门口的小板凳上，边听收音机，边给猫咪抓跳蚤。很多时候，猫咪还会蹲在我的肩膀上，跟着我跑东跑西。俨然，我把猫咪养成了猴子。

那时的猫咪都是跟着人吃东西，剩菜剩汤拌剩饭，能够有鱼骨渣已经是改善伙食了。也正是因为这样，所以它们都会逮老鼠，自谋生路。如果我特意给猫丢一块肉，老母亲肯定会心疼得骂山门的。即使是我工作以后，也只能背着老母亲偷偷喂她养的猫一些好吃的。

猫儿随处睡觉，没有猫砂之类的东西，它们会去室外解决大小便。我养的猫冬天喜欢睡在我的被子上，因为它身上有跳蚤，害得我的床上也跳蚤横行，老母亲不得不使出她的驱虫大法：将滴了某种剧毒农药的草纸垫在床底下。驱虫效果很好，但这是险中求，而这种剧毒农药在早些年已经被国家明令禁止生产。

现在我家有一只折耳猫，姓李名阿灿，尊称"灿爷"，昵称"灿灿"，2015 年 6 月到的我们家（那年正好有个台风叫灿鸿），现年 7 岁，已绝育。刚来家里的时候，阿灿咪咪小的样子，煞是玲珑可爱。万万没想到，成年阿灿开始发腮，长成了一副酷酷的模样。由于折耳猫的弹跳能力超级弱，阿灿并不像人家的猫那么会祸害家具，它的登高场景仅限于从椅子跳上桌子这种难度系数。所以，它一直都是妥妥一枚安静稳重的美男子。

问：你认为猫咪是自己的孩子，还是其他？

答：猫咪是家庭一分子，但我从来不会把它看成自己的孩子。宠物猫的寿命大多不长，如果看成自己的孩子，生离死别将会变得很痛苦。而且，对孩子，父母还是会有要求的，但对猫咪，我根本不会提什么要求。有生之年，我们彼此温暖，彼此善待，这样就很好。我努力将这种喜爱界定在可以收放自如的范围里，其实也是想在面临猫咪患病救治的时候能够更从容一些。我一直跟我女儿提到量力而行这个话题，和她讨论那些抱着确诊患病的宠物离开宠物医院的人们的无奈。

问：猫咪有生过病吗？治疗和家庭护理的情况如何？

答：我们养的时候不知道折耳这一品种，只觉得阿灿可可爱爱，就从朋友家抱了回来。后来一查资料，才知道折耳猫争议很大，这个品种靠人工筛选并延续了一种骨骼生长上的缺陷基因，于猫而言是终生痛苦。折耳猫的骨骼发育不完善，所以它的尾巴是那种硬硬直直无法弯曲的，摸上去有一节节的突起，腿显得特别肥大，处于骨质增生的状态。估计这些部位会产生痛感，平时都摸不得。剪指甲的时候需要用浴巾形成捆绑模式，再给它戴上伊丽莎白圈，两人配合才能进行，否则它会反抗咬人。正因为知道了折耳猫的痛苦，我们也就理解进而原谅了阿灿的暴脾气。

阿灿整体还是蛮健康的，除了有泌尿系统疾病外。自从早些年它发生了一次需要插管导尿的严重尿闭后，一直在吃泌尿道处方粮。有几次，我尝试给它减量，用普通猫粮替代，但每次都以它开始排尿不正常导致我们手忙脚乱送医告终。现在，我们已经死心塌接受了它需要终生服药的事实，而每天关注它的屎尿情况就成了铲屎官工作的重中之重。

尿闭是因尿道发炎引发的，这是公猫的常见病。初次碰上这类疾病时，往往会因为没经验延误就诊从而引发猫咪严重肾衰竭。我们最早一次就是发现得比较晚，不得不插管导尿。这类常见病的日常护理是多喝水，我为猫准备了多处水碗，方便它饮用，同时，罐头零食是鼓励它多喝水的最好方法。阿灿还保持着每天和我一起喝牛奶的习惯，我们是老弱病残组合，一起快乐补钙。看到阿灿每天认真顺畅地撒尿，是最抚慰人心的事情。古人说：道在屎溺，我要说：爱在屎溺。

问：猫咪有其他家长吗？平时照顾中是否有分工合作？

答：论辈分，因为我女儿将阿灿视为儿子，所以我处于外婆层级，在照顾的时候更有隔代亲的切实感受。我们是典型的一家三口家庭，大家都喜欢阿灿，照顾工作也各自分工。女儿负责阿灿一年中为数不多的洗澡工作，以及日常陪玩。她自制了一些逗猫玩具，包括纸质猫抓板之类，实现逗猫自由。

我先生也很喜欢阿灿，大热天在家光着膀子腆着肚子还不忘抱着阿灿耍两下。只是不知道为什么在阿灿眼中，他的地位却很低，仅是铲屎官本官的存在，就是每天铲屎尿、换猫砂的那种。还有就是每天凌晨，阿灿会来叫他打开卧室通往阳台的门，因为每天它会去阳台上蹲守一两个小时，听听鸟叫，呼吸一下新鲜空气。令人称奇的是，如果先生出差不在家，阿灿却不会来唤我开门。当然，最大可能是我的睡眠质量杠杠的，从来不理睬它的喵喵叫，因此它只能作罢。

我好像啥事都负责，又好像啥事都不干。不过，但凡在我读书看报玩手机或者睡觉的安静时光里，阿灿都会趴在附近，像个沉默的守卫。偶尔，我给它拍拍照，但它从来不愿意看镜头，总是骄傲地别过头去。如果我想强行摆正，它就会站起来，弓一弓腰，然后跳下茶台，用暂时的离开以示自我意志不能强求的决心。

家庭养猫，最重要的是全体成员之间达成共识。如果没有达成共识，建议最好不要轻易开始。因为，事实上，即使开始都达成共识，也会有人半途而废，所以，一定要以一种负责任的态度去接纳宠物作为家庭成员。

问：就你的观察，从前上海人养猫和现在养猫有什么不同之处？

答：家庭养猫从看家护院到宠物陪伴，养育方式会有很多不同。以前家里养猫是为了抓老鼠，现在鼠患不再，猫咪们慢慢演化为陪伴者。成为宠物陪伴者后，精细化照料开始普及，猫粮、美容和医疗成为必备的支持行业。以前我们都不能想象猫咪还可以去医院、美容院，现在这已是司空见惯了。有时老人会嘀咕，某某家的小的，宠物猫死了哭得伤心，自家老父母走了却未必能如此上心云云。这可以说是另类的争宠，也说明人们开始关注宠物成为家庭成员后的排序问题了。

问：听说有朋友给你的猫写了诗？

答：我可以算是阿灿的官方代言人，自从开始在朋友圈分享它的照片之后，阿灿一路圈粉。最得意的是，我的诗人朋友很喜欢它，时不时给它配上一首小令。作为一只有配诗的小猫咪，阿灿应该是可以嘚瑟一下的吧！还有其他的灿粉，朋友圈里认真地给阿灿点赞，又和诗又配文，也有给阿灿临摹写生的，线下送抱枕、苹果树等定制礼物的。阿灿虽吃一家饭，但得百家宠，是一个妥妥的幸运儿。

大果子和她的小动物们

问：请问您的个人情况？

答：网名大果子，家里从2012年领养两只猫起，到今年（2022年）已经有20只猫，还有4条狗和一些小宠。我的本职工作是设计师，由于家里宠物多，而且有一只狗有分离焦虑，为了更好地照顾它们，5年前选择做自由职业。目前我几乎不外出旅游，工作以在家为主（基本不需出差），开会主要是线上会议，这样可以尽量多陪伴它们。家里宠物多，除了猫狗还有小宠（蜥蜴和宠物蛇）。平时需要保护好小宠，防止猫把它们从箱子里放出来。不过总体上，大家还算好好相处。

问：可以介绍一下自己的猫吗？

答：目前家里的20只猫，大部分是领养和捡来的，年龄最大的10岁，最小的才1岁多。有几只是自己从小喂奶喂大的，还有一些因为生病已离开。一般的猫平时吃猫粮；小奶猫会喂羊奶粉，选好一些的，按照比例喂，这样不容易拉稀；离乳期的奶猫我喂一些睿觅（自己开发的宠物品牌）的营养餐粉，会长得很壮。

其中田园猫多一些，品种猫也不少，有英短、曼基康、布偶、金吉拉、豹猫、狮子猫、高地。有因为家庭原因弃养的，也有生病被弃养的，有流浪后自己来我家求包养的，原因不一。一只叫虾球的，3年前疫情刚开始时，被人扔在小区里。本来到我家只是暂住，后来还是收养了。家里最小的猫名叫年糕，是流浪猫的孩子。它是从小在家里养的，身体很健康，但是不亲人，见到陌生人会躲起来，不会主动靠近。猫的性格跟遗传有一部分关系，它的父母都不亲人，所以它也这样。由于性格不好，就自己留着了。

问：猫咪有生过病吗？治疗和护理的情况如何？

答：经历过很多次。第一次就是第一只猫，不到一岁的时候泌尿系统出了问题，后面一直在治疗和保养。其间医生劝我放弃，最后还是坚持了下来，现在猫猫已经十岁了。还有一些收养的猫得过小毛病，都治好了。有几个得传染性腹膜炎的，这被称为猫的绝症，我也坚持治疗到它们去世。一些亲手喂的奶猫，因为太小、身体弱夭折了，都挺心疼的，不得不去面对一次次的离别。

因为经常遇到猫狗的健康问题，于是想从源头上来保障它们的身体健康，我学了专业的宠物营养师，学好后可以考证书。自己还学着写一些鲜食配方，就是把食材按照一定比例蒸煮成主食，同时也了解常用的宠物治疗方法，家里会备一些常用药。猫的常见问题有泌尿系统疾病、拉稀软便、皮肤病、口腔疾病、呕吐等。泌尿系统的问题容易发生在胖猫身上，因此需要建立健康的饮食结构，平时多补充水分，适当增加运动量，家里可以备一些消炎药、速诺、利尿通之类；拉稀软便的情况，可以备一些蒙脱石、益生菌、消炎药；皮肤病预防以提高免疫为基础，如果是真菌、细菌类感染，可以备点百灵金方的喷剂和药膏，此外神仙水也可以常备；出现口腔问题，自身免疫力是一部分原因，日常可以喝点漱口水；呕吐的话，可能是肚子里的毛团引起的，可以用去毛猫草片，不过也有可能是其他疾病引起的，无法判断时还是要去医院。

问：目前居住的情况如何？

答：我有自己的房子，但因为比较小、宠物多，现在租了更大的房子住。这里是复式结构，分楼上、楼下。平时，喜欢跟狗在一起的猫会到楼下玩，不喜欢的猫则留在楼上，楼梯也是它们喜欢的活动场所。楼上装了栅栏，主要防止狗狗上去偷吃猫粮。不过一般猫狗都是不关的，可以在家自由活动，只有卧室不能进去，相当于人自己被关在卧室里。

我之前遇到的房东都很好，退租的时候一般会酌情给房东一些赔偿或补偿。现在这个房子是开发商出租的，比个人出租的好一些，可以养宠物。这边邻居也不错，不会有太多意见，但我自己也要很注意，平时控制好宠物的作息时间，出门时小心避开早晚高峰，带狗狗出门一定要牵绳和拾便。

家里平时会尽量保持清洁，妈妈过来会帮我照顾，目前是我自己打扫卫生，每周会抽时间做一次彻底清洁。当然会觉得有点吃力，习惯了也还好。除了照顾宠物，我还要工作，每天都安排很满，长期熬夜，自己会有一些健康问题。

问：猫咪有其他家人吗？会一起照顾猫吗？

答：家里目前是两个人，暂时没养小孩。由于大部分时间是自己住，所以主要是自己在照顾它们。家人会帮我分担一些卫生清洁的工作，或者一起遛狗。经济上基本是我自己负担，开销不小。家人对此肯定有意见，而我只能更努力地工作，同时尽量保障宠物的日常健康，它们不生病就能省钱，所以对给它们吃的食物，我的要求比较高。在我眼里，猫咪也是我的家人，是我的孩子，是我成长路上的伙伴，同时是我前进的动力和心灵慰藉。

问：可以介绍下你参与帮助流浪猫的事吗？

答：差不多在 2017 年的时候，结识了一些救助流浪猫狗的朋友，开始做义工，主要是帮一些基地和救助人为流浪动物找新家，其间自己陆续捡到和救助了一些猫狗，基本养在家里了。有的是因为救助的猫狗性格不好、习惯不好，没办法找到合适的领养，就自己收养了。还有的是自己喜欢，也就领养回来了。养这么多宠物，费用确实比较高，虽然给它们做了专属品牌的宠物粮，成本相对低一些，但由于我的喂食标准比较高，总体开销还是很多人不太能接受的。

接触的流浪和弃养动物多了，就希望尽自己所能更好地救助它们。我一直在呼吁宠物主人要善始善终，领养替代购买，科学喂养，减少弃养，让更多流浪动物回归家庭。我也希望更多人在领养时，把猫狗的性格和行为习惯放在第一位，而不是只考虑品种，给田园猫狗多一些进入家庭的机会，希望它们都能被善待。

问：你有跟宠物相关的商业运营，可以介绍一下吗？

答：我有一个宠物品牌，以健康的猫狗主食和零食为主，品牌中文名叫睿觅，意思是睿享生活，觅见美好；英文名叫 Run To Me，指宠物主人回到家开门的幸福瞬间。此外，我们也提供一些环保的猫狗用品，如联名拾便袋，材料是环保的，可降解，后面还会考虑出一些周边产品。有意了解的朋友，可以在淘宝搜索"RunToMe"或"睿觅宠物"，也可以在抖音和小红书搜索"大果子"。商业运营所得的一部分，会给流浪猫狗提供帮助。

第三辑　丁克家庭与毛孩子

　　养猫家庭中丁克的人不少，前面两辑中也有丁克者。从访谈内容来看，大家并非因为养猫而丁克，但养猫可能在一定程度上支持、维护了这个决定，因为猫咪跟孩子一样，可以满足人类养育的需求。这里三位丁克家庭的受访者均为女性，其中一位借毛孩子的声音来进行表达。虽然都是丁克家庭，但养猫体验各有不同，在照料上，一定程度上体现了传统性别角色的影响，也有突破性别刻板印象的地方。此外，养猫与养孩子类似，通过这一行为可以跟外界建立更多联系，如参与猫友社群、流浪猫救助活动等。

六只猫咪家长猫咪当家的访谈

　　问：请问您的个人情况？

　　答：其实我也没啥好介绍的，就是普通人一个，除了爱猫，还是爱猫。

问：可以介绍一下自己的猫咪吗?

答：我养的6只猫里，有5只我都自称是姐姐，只有最后一只把他当儿子了。

2003年捡了第一只小猫，取名当当，那时没经验，完全是瞎养的，半个月左右的猫给他喝牛奶，夏天还给他喝冰。没有奶瓶，买了10瓶眼药水，把瓶子洗干净，用来当奶瓶。也没有用猫砂，以至后来，当当用不来猫砂，都在厕所地漏那里尿尿。那时猫粮也没那么多讲究，吃皇家已经算好的了。之后一年左右吧，当时我自己经营印刷厂，厂里经常有流浪猫来，一只流浪猫生了一只小猫后失踪了，我带回家取名money。2010年，我把印刷厂卖了，厂里2只猫来米和哈哈都带回家了，家里有4只猫了。好在我老公一直很支持，也没有意见。

2013年7月，money生病了，被确诊为肠系膜淋巴癌，那时医疗技术只能支持保守治疗，10月，癌细胞扩散至全身，最终选择安乐。她的死对我打击很大，我整整3个月都缓不过来，每天哭，上班有时也哭，好在老板也是爱猫人士，所以也没什么。年底我收养了妈妈那里的一只小流浪猫，取名沈大牛。家里又有4只猫了，很长一段时间他们都很好。我开始研究猫粮、猫零食等，舍弃了皇家，开始喂无谷天然粮。由于家里猫咪身体不好，需要人照顾，就辞职了，全心全意照顾他们，同时开始喂小区的流浪猫和做TNR。之所以辞职，没找阿姨、保姆，是因为要自己照顾才放心。对于辞职没有后悔，觉得还挺开心的。

2018年，哈哈开始生病，先是肾衰竭，后来发展成肠胃消化功能丧失，看了差不多整整一年的病，最终还是走了。我选择了单独火化，把骨灰留在身边。10月，又捡了只小小猫，取名阿米利亚。在经历了2只爱猫的离去后，我对这个小小只很宠爱，把他当成心肝宝贝。在经济能力许可的情况下，都买最好的给他们。

谁知道噩梦开始了，来米在2019年的时候得了糖尿病，经历了2个月的治疗后还是因为并发症回去喵星了，那年她14岁。然后当当也确诊了肠癌，当时真的很揪心。当当得的是恶性程度很高的腺癌，转移很快，差不多一年的时间就全身都有了，手术的速度跟不上转移的速度。当当经历了4次大手术之后在2021年走了，那年他18岁。这段日子可以说是我最黑暗的日子，我把他们的骨灰都留在了身边，在庙里给他们上了牌位，只希望他们能早日往生。

问：猫咪有其他家长吗？是否有分工合作？

答：我们家就我和老公两个人，不和父母住。丁克是我和我老公在结婚时就说好的，那时还没养猫。人一辈子很短，应该为了自己而活。现在，老公负责赚钱养家，我负责花钱养猫。家里也没什么明确的分工，都爱猫。不过我老公基本不参与照料猫咪，他上班比较忙，我因为不上班，所以基本都是我在做。

我父母是属于那种思想比较开通的家长，没有要求我们生宝宝，通常是怎样开心就怎样。而且父母在我的影响下，退休之后也开始喂流浪猫，做流浪动物的救助。

现在我家里还有 2 个猫宝宝，我不出去旅游，就是每年的清明最多 2 天也回来了，不放心他们。夏天出门家里空调也一直开着，怕他们热。小区邻居都觉得我养猫养得变态了，不过这只是一部分人，我一般不理睬。我交往的朋友都是养猫的，还很爱猫，不然没有共同话题。我认为，猫咪就是要宠着养，猫的一生本来就不长，他们永远面对的是家里人，不用出去社交，所以宠成什么样都可以。

问：疫情期间，你和猫咪受到了什么样的影响？

答：说实话，这次疫情，我就担心家里猫宝宝生病。吃的倒是不担心，因为我一直有囤货的习惯。如今吃的比较难买，因为疫情，很多东西进不来，只要有货，我就往多了买。现在他们都年轻，好好养，可以不去医院。

那一段时间，我让老公住公司或者我父母家，核酸也做单管，外面找不到地方做，就去医院花钱做，就怕混管出现异常要被隔离，会影响到猫咪。现在让他回来了，不过出去上班不让他坐公共交通，要么司机来接，要么自己开电瓶车，没有其他活动，下班就回家，不堂食。刚开始那段日子，都是自己带饼干当午饭，现在基本是肯德基外卖，坚决不堂食。

美国猫妈的访谈

问：请问您的个人情况？

答：喜洋洋妈，现租住在美国加州弗里蒙特，丁克28年，爱好旅游、救助流浪猫和当红娘。

问：可以介绍一下自己的猫咪吗？

答：大咪喜洋洋，21周岁。2001年6月被同事在科大垃圾箱边看到在啃蒜头，所以小名蒜头，学名黄陈根儿。在领他的第一个月，我们俩看电影回家，看到他站在封的阳台上等我们那一刹那，我很感动。他大概六七个月就绝育了，20年前宠物医院做绝育的很少，基本上没有，托人找关系，最后是我们那边动物园给老虎做绝育的人给做的手术。

大咪会穿衣服，带他出门会有很多人来问，以前还上过报纸、上过新浪宠物版。当年是我们包车坐汽车从合肥到上海，然后坐了12个小时的飞机才到美国。以前会一年坐一次汽车去他姑姑家度假，他很喜欢。现在他耳朵聋了，住在火车铁道边也不觉得吵。他会主动要求去外面散步，刚开始套牵引绳，后来他认识回家的路了，就不再套了。

说起家里的猫，连我家不爱说话的老陈都没完没了，太多的故事了，他们让我第一次知道有人需要我。因为大咪我认识了很多美丽善良的猫友，都是大咪带给我的好福气和好运。因为养动物且又是丁克，我还在30年后联系上了高中同学，上学时都没咋说过话，结果因为救助流浪动物我俩隔着万里成了好朋友。她目前在德国，但还积极在做合肥救助流浪动物的工作，还把流浪狗接到了德国。

问：你认为猫咪是自己的孩子，还是其他？

答：我们是丁克，把他当自己孩子，当作自己家人，他也算家里第一个百岁老人啦！过21岁生日的时候还准备了爱吃的猫罐头，给他发了红包。大咪很聪明也很乖，从小洗澡、剪指甲、喂药都很方便。现在年纪大了，学会了走我先生自制的纸箱搭的楼梯上床。

问：猫咪有生过病吗？治疗和家庭护理的情况如何？

答：大咪没生过大病，7年前因为要来美国带去医院做了全面体检，查出贫血和慢性肾衰。肾衰的猫需要补水，他爱喝水，虽然体重减少了一半多，但精神还好。我们会每天两次喂些保健品，比如益生菌、维生素、维骨力鱼油等6种。没去医院，因为医生说这么大年纪有些慢性病很正常。非常感谢认识了当地救助群的李太，很热心地帮我们买处方罐头和备用的止疼片。美国基本每只猫都有保险，我家年纪太大，没保险公司愿意卖。

问：猫咪有其他家长吗？平时照顾中是否有分工？

答：猫刚来一年多的时候，因为我怕小动物，全是我家先生照顾他吃喝拉撒，猫8岁以后我不上班了，会分担一些。基本喂药、洗澡、剪指甲这些，我先生认为猫咪会不高兴的事全由我做。现在猫每晚会叫二三次，拉屎从来不埋，两年前猫耳聋了之后，现在叫声特别大，我经常半夜听到感觉心脏病都要发作了。此外，我因为有哮喘急救过两次，猫毛也是过敏物，医生建议最好不要养，但我觉得还是自己注意点，既然养了总要给他送终啊！我不理解有人因为生孩子、搬家就遗弃宠物。

问：你提到自己在做流浪猫救助的工作，可否介绍一下？

答：我们后来又收养了一只被车撞的流浪猫小白。我本来是一个害怕小动物的人，因为代养成为一个领养人，慢慢接触并开始救助流浪小动物，主要是给流浪猫找家。收养小白的时候，我们得到了网上猫友的资助和帮助，我想让这份爱延续下去，救助更多的流浪小动物。

问：疫情期间，你和猫咪受到了什么样的影响？

答：在美国，我们疫情有近两年不上班，不用工作，还有工资，每天陪伴大咪，我感觉很好啊！不过因为疫情宠物医院关了，小白发病，我们去急诊，医院不开，就在我老公怀里去世了。疫情导致我们失去了小白，这是悲剧。

猫猫方枪枪的访谈

问：请问您的个人情况？

答：我叫方枪枪，今年6岁。2016年5月，我的麻麻在广州一家猫舍第一次见到我，以全广州加菲猫的最低价格买了我。当时我的皮肤还有猫癣，没有好，可是麻麻不嫌弃我，也许是图便宜，也许是有眼缘，反正见了我就激动不已，并且在猫舍就给我取了名字"方枪枪"，抱回去后没过多久，就跟随麻麻来到成都。

问：麻麻对你好不好？

答：麻麻非常宠爱我，体贴我，我想吃什么，就为我买什么，我想玩什么，就跟我玩什么，还担心我在家孤独寂寞冷，偶尔带我出门玩，但我不愿出门。外面的世界吸引我，可我又觉得害怕，还是家里待着舒服。我只跟麻麻一起去过公园，去过宠物医院看病。有次麻麻去北京玩，也不忘给我带纪念品，是麻麻自己画的。

问：家里还有别的家长吗？

答：我只有麻麻。麻麻白天上班打猎，晚上回家陪我，基本都是麻麻在照顾我。平时麻麻出门前或者回家后就给我换猫砂，换水，加猫粮和罐罐，陪我玩耍。家里还有一个男人，但他一开始就不太喜欢我，后来时间久了，我主动待在他身边求摸摸，他才会逗逗我、抱抱我，比较冷漠。

他们结婚 10 年了，没有要宝宝，听说是丁克。麻麻只要在家，我就会守在麻麻身边。她会看书、画画、看剧，时不时把我抱起来猛亲一顿。

问：麻麻不打算要个人宝宝吗？

答：麻麻有时候会看一些视频，我听到的有：关于韩国、日本和国内生育率一再下跌；国内大量的明星、名人不断被爆出离婚，明星不能出轨，一出轨就接着爆出离婚；一部分丁克一族有着全新的婚恋观，他们认为孩子不是维系婚姻的纽带，不是婚姻的保鲜剂，而是占据自己很大一部分时间和精力的"负担"，影响他们追求更高品质的生活……我觉得有些道理，所以麻麻应该是只要我这个毛孩子吧！

麻麻的父母还有她先生的父母过年到家里来，他们询问麻麻打算什么时候要孩子，尤其外婆还说要把我扔了，但和我相处一段时间后，他们很喜欢我，还说理解了麻麻就是把我当作一个亲人。麻麻 32 岁那年（如今 38 岁）和她先生一起看过一部纪录片《生门》后，再也不怎么交流生孩子的事了。麻麻觉得生孩子太辛苦，她先生也发现生孩子原来有这样多突发状况，有生命危险，那就一切都听麻麻的，交给她做决定，不要孩子就不要孩子吧。于是长辈们也不再插手这件事了。

问：你生过病吗？治疗的情况如何？

答：我生过一次大病，急性肾衰竭，尿血的时候被麻麻发现了，及时送到医院。医生给我检查，说我是因为尿闭才导致肾衰竭的，还好最后渡过了难关。在医院那几天，麻麻来看我的时候，我好委屈。医生说猫咪肾衰竭多为公猫，若饲养者发现猫咪排尿异常、食欲不佳、精神萎靡，要及时带猫就医，避免延误病情。公猫多发此病是因为容易出现下泌尿道感染，需要及时绝育。于是麻麻等我病后恢复了两个月，带我去做了绝育手术，我的铃铛（蛋蛋）就这样在第一次生病后没有了。麻麻，我的喵生都没有做过一次真正的男猫啊！你好残忍呀！

后　记

2022 年对于很多人而言，都是艰难的一年。在此期间，家里的两只猫（大米和小米）成为我情感支持的主要来源，同时也是焦虑和痛苦的来源。在这个过程中，我深刻地体会到了人与动物的关联，并开始思考这种关联对人类的意义。

这本书可以说是机缘巧合，因为本来选定的主题不行，最后换成了这个题目。写这书没有功利之心，如果说有何目的，那就是希望更多人了解和关注动物和宠物的权益，对养宠（多物种）家庭增进理解，让养宠家庭尤其是在其中主要承担照护工作的人（多为女性）得到更多社会支持。

在大半年时断时续的写作过程中，我简短回顾了自己的人生和养猫经历，感觉两者可以互相映衬。我的文字常走在人生前面，比如高中时写的一首无题诗，可算是青年时期的写照："红杏深锁游蜂忙，寂寞幽草不争芳；莫道繁枝花似锦，知否寒茎有清香。旧黄无存日前雨，新绿不损夜来霜；淡泊岂愿随流水，寒风独立仍旧妆。"① 如今看来，半是故作清高，半是无病呻吟。而青年时的一首无题诗，又像是中年人的口吻："负笈江南近十年，走马探花若有缘；饮酒须求七日醉，赏新难得片刻闲。一生漂泊百年内，几度风波转侧间；寂寞空山相望远，人间何处可凭栏。"

这两个阶段，大致可以对应两个养猫的时期。早期感觉猫很独立、有自主性，养猫是自己独立生活的一个标志；人到中年，猫与人的年龄增长，情感加深，彼此依赖，人宠共生的生活让人沉醉其中，但也给人（照护者）带来沉重负担，尤其是独居的照护者，常有被隔断在家，与社会脱节、孤立无援的感觉，因而寻求社群、社会支持成为迫在眉睫的问题。现在的我，大概是人生第三阶段，深刻体会到了陆游诗中所说的："偶尔作官羞问马②，颓然对客但称猫。"养猫在一定程度上成为逃避现实的工具，或也可借此找到值得为之努力的新方向。

由于时间、精力限制，这本几乎是急就章的书可能存在不少疏漏，如发现有可商榷之处，愿意赐教的，请发邮件到此：voiceyaya@163.com。

---

① 我写诗不讲平仄，我以为内容比格式更重要，仅为个人见解，见谅。
② 《晋书》卷八十《王羲之列传·（子）王徽之》：徽之字子猷。性卓荦不羁，为大司马桓温参军，蓬首散带，不综府事。又为车骑桓冲骑兵参军，冲问："卿署何曹？"对曰："似是马曹。"又问："管几马？"曰："不知马，何由知其数！"又问："马比死多少？"曰："未知生，焉知死！"

图书在版编目（CIP）数据

宠物猫是如何成为人类家庭成员的 / 陈亚亚著 .——
上海 ：上海社会科学院出版社，2024
　ISBN 978 - 7 - 5520 - 4155 - 2

　Ⅰ.①宠… 　Ⅱ.①陈… 　Ⅲ.①猫—普及读物 　Ⅳ.
①Q959.838 - 49

中国国家版本馆 CIP 数据核字（2023）第 115430 号

宠物猫是如何成为人类家庭成员的

著　　者：陈亚亚
责任编辑：邱爱园
封面设计：黄婧昉
出版发行：上海社会科学院出版社
　　　　　上海顺昌路 622 号　邮编 200025
　　　　　电话总机 021 - 63315947　销售热线 021 - 53063735
　　　　　http：// www. sassp. cn　E-mail：sassp@ sassp. cn
照　　排：南京理工出版信息技术有限公司
印　　刷：上海景条印刷有限公司
开　　本：787 毫米×1092 毫米　1/32
印　　张：9.375
插　　页：1
字　　数：192 千
版　　次：2024 年 1 月第 1 版　2024 年 1 月第 1 次印刷

ISBN 978 - 7 - 5520 - 4155 - 2/Q · 009　　　　　定价：68.00 元